黄 艺 主编

手工包编织物语

辽宁科学技术出版社

·沈阳·

目录

入门篇

进阶篇

提高篇

工具与材料

在动手之前，我们应该作好充分准备，这样才不会在制作的过程中显得手忙脚乱，预先了解自己将要做的事，制作起来会更加得心应手。

需要准备的工作有两方面，一方面是心理准备，想好要做的每一个细节，也要在心里对即将制作的物品有一个整体的设计及规划；另一方面是物质准备，就是制作需要的工具及材料，我们将针对这一部分为大家进行详细的介绍。

工具与材料，我们一般分为三个类别：工具、线材及辅料。

首先我们来介绍工具，工具按其重要程度可分为主工具和辅助工具。

一、主工具

竹制钩针 木柄钩针 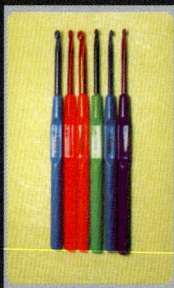彩钢钩针 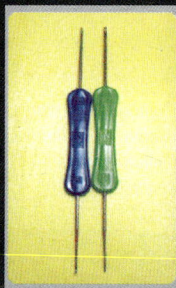双头钩针 直棒针 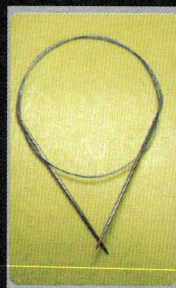环形针

主工具有棒针和钩针两种。

棒针按形态可分为直棒针和环形针。直棒针一般用于编织单片织物，环形针一般用于编织筒状织物（如衣身等）。按其粗细型号分，常用的棒针有 6～16 号不等，通常根据线材的粗细及编织者的手劲来选择针的型号，选择的规律是线材越粗针越粗，手越松针越细。

钩针按款式分可分为单头钩针和双头钩针。按材质可分为竹制钩针、不锈钢钩针、彩钢钩针、木柄钩针等。钩针的型号是按针头的直径来分的，常用的从 1 毫米～1 厘米不等。

二、辅助工具

除了编织的主工具外，我们还需要一些辅助工具才能完成织物。

防解别针：用于把暂时停织的部分穿好，防止散脱。

剪刀：用于修剪线头或断线。

卷尺：用于测量织物的大小。

针：有毛线缝针和手缝针两种，用于缝合织片和固定装饰物。

大头别针：用于测量织物时固定位置。

三、主材料（线）

目前市面上销售的编织线可谓是多种多样，不同的线可表现出不同的风格和质感，常见的有羊毛线、羊绒线、棉线、麻线、冰丝线、奶棉线等，除了这些传统的线外，现在还有很多琳琅满目的花式线，可以织出众多风格独特、时尚洋气的织物。

总之，在选择编织线的时候，我们应该根据所要制作物品的实际需要来作出适合的选择，因为编织线选择的正确与否直接决定着织物的最后效果。

四、辅料

辅料是用来对织物进行最后的修饰或者增加织物的实用性的，常见的有纽扣、花边、缎带、手挽、拉链等。

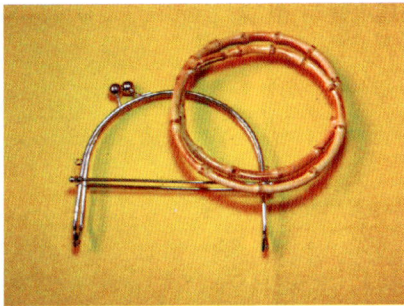

基本钩织符号及编织方法

一、起针

起针时，用钩针打一个活结，然后从活结中将线拉出。

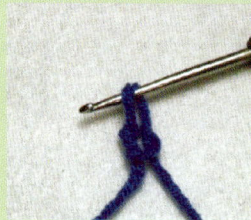

1.在线头约10厘米处打一个圈，将钩针插入。

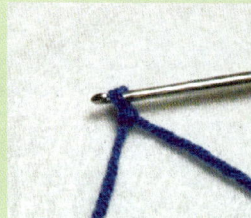

2.钩住织线，将其从线圈中拉出，拉紧线的两头。

二、环行起针(一)
链式起针法

环形编织应当是从基础环开始的，常用的起针方法有链式起针法等。

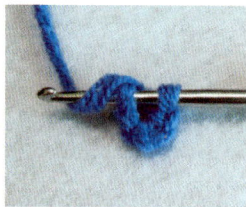

1.先钩一辫子针链（长度根据织物的实际需要而定）。

2.将钩针插入第1针辫子针的线圈中，拉出线同时穿过钩针上的两个线圈。

三、环行起针(二)
绕线圈起针法

当环形编织的织物中心起针时需要紧密时，通常用这种绕线圈起针法。

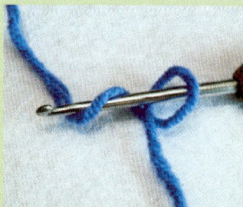

1.将线绕一个圈，首尾相连。

2.再在线圈上钩短针，钩出要求的针数后，抽动线尾至适合的大小。

四、锁针（辫子针）

常用于织物的第一行基础边，也就是起针，同时也是行与行相接的必要针法。

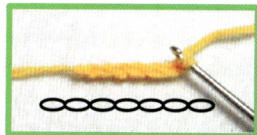

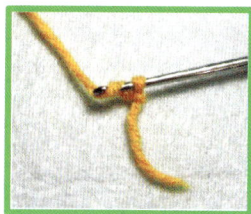

1.钩针穿过线圈，钩住织线，从套住钩针的环中拉出。

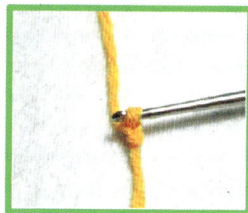

2.用同样的方法，钩出第2针。

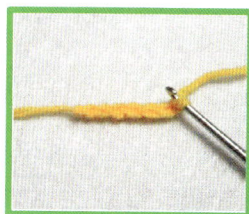

3.用同样的方法持续下去，直至达到要求的数量。

五、短针

这是一种简单密实的针法，在许多织品的边和平滑的织面中常见这种针法。

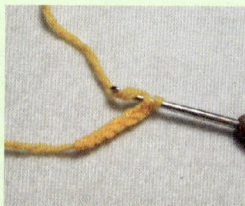

1.钩一串锁针，跳过第2针，将钩针从第3针锁针的上边圈中插入，钩住织线从圈中拉出。

2.再次钩住织线，穿过钩针上的两个线圈。

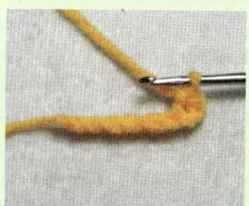

3.第1针完成图。

六、引拨针

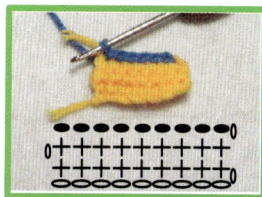

1.开始不钩织，在旁边1针插针，钩住织线。

2.将织线从穿过的针眼中拉出。

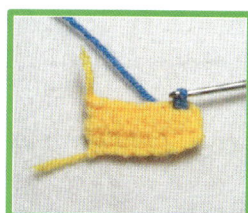

3.将钩针左边的线圈从右边的线圈中拉出，第1针引拨针完成。

七、中长针

$\boxed{\mathsf{T}}$

介于短针与长针之间，可以织出漂亮的织面。

1.将线在钩针上绕一圈并跳过 2 针，从第 3 针上边的圈内插入后钩住织线。

2.将织线从钩针上的 3 个线圈中拉出，第 1 针中长针完成。

八、长针

$\boxed{\mathsf{\overline{T}}}$

与短针相比，长针的编织速度更快，也是比较常用的一种针法。

1.将织线在钩针上绕 1 圈，跳过 3 针,从第 4 针的上边圈中插入，用钩针钩住织线。

2.将织线从钩针上左边两个线圈中拉出，并再次钩住织线。

3.将织线从钩针上剩余的两个圈中一次拉出，第 1 针长针完成。

九、长长针

$\boxed{\mathsf{\overline{\overline{T}}}}$

这种针法可以钩织出松软的织物，每针之间的空隙较大。

1.将线在钩针上绕 2 圈，跳过 4 针，从第 5 针的上边圈中插入钩出线。

2.将线从第 5 针的圈中拉出，并再钩住线。

3.将线从左边两个线圈中钩出，并钩住线。

4.将线从针上剩余的圈中拉出，第 1 针完成。

8

十、反向短针

这种针法通常用于织物的边缘装饰。

1.织片的方向不变。

2.钩针反方向插针，再钩线从钩针上所有的线圈中拉出。

十一、狗牙拉针

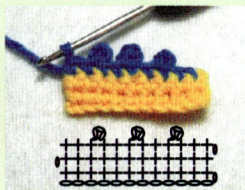

1.钩辫子针3针。

2.将钩针插入短针针圈并将线钩出。

3.将钩出的线圈从钩针上原来的线圈中拉出，狗牙拉针完成。

十二、长针珠针

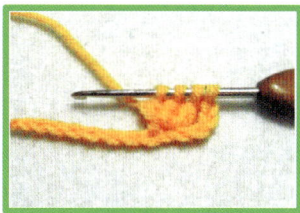

1.竖起3针辫子针，在同一针上钩3针未完成的长针。

2.钩住线从4个环中一次拉出，第1针环针完成。

十三、扇形花样

1.竖起 1 针辫子针，再钩 1 针短针。

2.底针上间隔 2 针，在第 3 针的位置上钩 5 针长针。

3.再在底针上间隔 2 针，钩1针短针固定。

十四、贝壳针

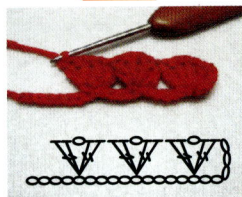

1.竖起 3 针辫子针，在底针的左边第 3 针处钩2针长针。

2.再钩 1 针辫子针。

3.再从第 3 针处钩 2 针长针，第 1 针贝壳针完成。

十五、长针基础圆形

1.从基础环向上钩 3 针辫子针。

2.将钩针从基础环中插入，钩16针长针。

3.连接时，在辫子针顶部钩 1 针引拔针。

钩针编织图解

一、 钩针的基本符号

| 辫子针 | 引拔针 | 短 针 | 中长针 | 长 针 | 长长针 |

以上是钩针编织中几种基本的符号，其他复杂的针法都是由此衍生出来的。在后面的实例讲解中将逐步介绍，了解了这几种针法就可以进入奇妙的钩针世界了。

二、 针圈的高度

下图是从引拔针到长长针的针圈高度比，长针的高度是1，短针的高度是1/3，中长针的高度是2/3，长长针的高度是4/3，引拔针的高度是0。

| 0 | 1/3 | 2/3 | 1 | 4/3 |

引拔针　短 针　中长针　长 针　长长针

三、 立针

立针是钩针编织基础中的重要针法，它是根据针圈的高度决定辫子针的针数。立针是各行开始钩织时必须使用的针法，通常将该行针圈的高度用辫子针来替代，钩织出与针圈高度同数目的辫子针。

短 针　中长针　长 针　长长针
4针　4针　4针　4针
1针　1针1针　1针1针　1针1针

短针——立针第1针不计算在内
中长针、长针、长长针——立针第1针计算在内

四、 反向短针

图解是由符号来表示的，多个符号组合在一起，就形成了花样钩织的图解。

五、 编织示例说明

平钩时，辫子针在右侧是看正面，在图解上是从右向左钩织；在左侧是看反面，在图解上是从左向右钩织。

平板编织示例：

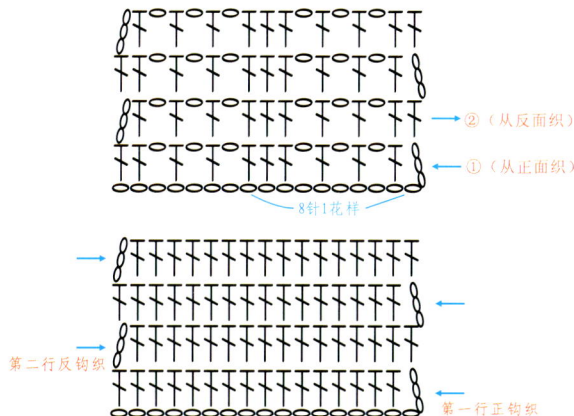

② （从反面织）
① （从正面织）
8针1花样

第二行反钩织

第一行正钩织

环形编织单位图案示例：

环形图案的织法是由中心处起针，然后向四周扩展，依加针和针法的不同织出方形、圆形、六边形等不同的花样。

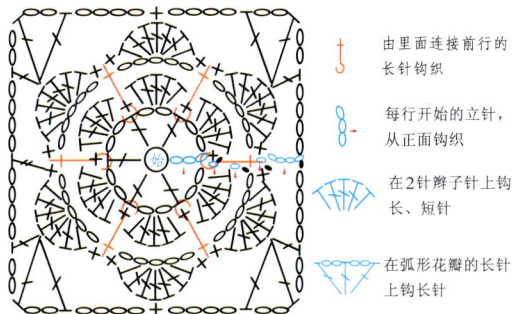

由里面连接前行的长针钩织

每行开始的立针，从正面钩织

在2针辫子针上钩长、短针

在弧形花瓣的长针上钩长针

经过上面的简要介绍，我们初步了解了如何去看钩针编织图解。会看钩针编织图解，我们就可以去学习更多的编织方法。

入门篇

从简单入手，熟悉基础针法。
简单制作也可以很出色哦！

简约条纹手机包

简约而不简单，
简洁而不单调！

A

B

C

【材料】

A: 白色、黄色线各15g

B: 白色、蓝色线各15g

C: 白色、粉紫色线各15g

【辅料】

纽扣、纱带、绣线少许

简约条纹手机包

【成品尺寸】

宽7cm

高12cm

【编织要点】

1. 主体正、反面交替平织短针，注意对立针的正确运用，保持边缘的平整；

2. 两种颜色毛线交替使用的时候，编织时应该注意换线的正确方法；

3. 运用毛线缝针缝合织片时，应该把两片织片正面相对，运针松紧需适度。

【制作方法】

这一款手机包由三部分组成：正面、背面两片及扣带。

正、背两块织片的织法是相同的，正反两面交替进行短针编织，每织两行交替换不同色线，成品呈条纹状，织片完成以后，沿织片周边织短针1行，便于两块织片的缝合，也能使织片周边显得光滑，织片也更平整。

织扣带1条，运用短针编织，编织过程中预留扣眼。

完成三部分的编织后，用缝针完成最后的缝合。将正背两块织片正面相对，两块织片四周的短针数是相同的，用毛线缝针同时穿过两块织片相同位置的针眼，反复进行缝合，接线的松紧要适度，有利于成品边缘的平整。缝合完主体以后，将扣带置于背面织片上面开口片的正中，将扣带底边与背面织片的上开口片缝合。

最后要做的就是整形和装饰，检查一下成品的形状是否对称美观、线头是否藏好等。检查完毕后，将事先准备好的纽扣按位置钉好。

这样一款简约条纹手机包就完成了，编织者还可以根据自己的喜好为包包作一些装饰，例如蝴蝶结、丝带、手绣花等，充分发挥自己的创意，让作品更精美。

完全掌握此款包包的制作方法以后，还可以根据自己的需要随意改变包包的大小和形状，制作出相机包、PSP包等等。

针法符号说明

○　辫子针，用于起针和立针

×　短针，主要针法

⊗　2针短针并1针，线从前行2针针眼分别钩出后合并锁针

⊗　1针短针添为2针，在前行同1针针眼内钩出2针短针

包身主体，按图编织2片

正　　　　　35

背　　扣带缝合处　　　沿四周织短针1圈

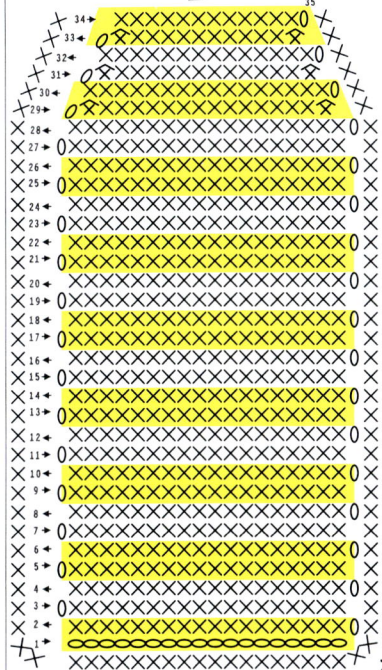
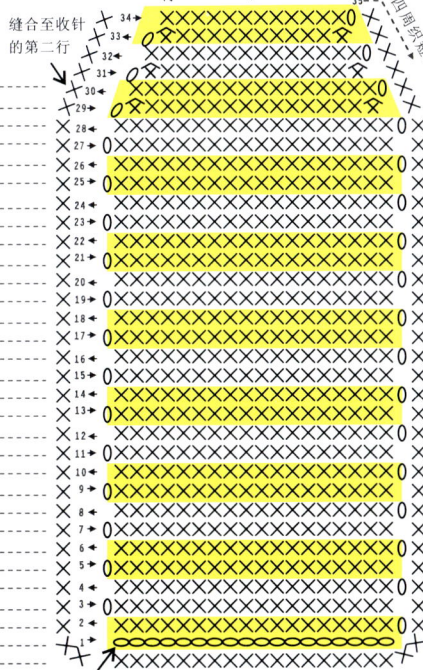

缝合至收针的第二行

针对照一针

注意侧向钩边的针数松紧，短针侧面钩边按一针对照一针

缝合示意图

粗实线为缝合的位置，两片要相对应

扣带

正　　　　　背

缝合轨迹，其他两面按此规律缝合

起18针辫子针

扣带按图编织1片

收尾

合与主体底边缝

起针

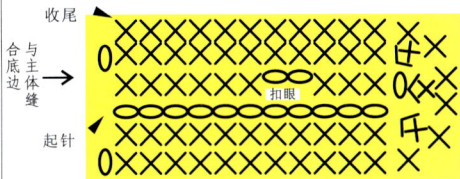

扣眼

短针整行换线法

1. 在前色即将织完的最后1针用前色从前行锁眼钩出；

2. 锁针时换另一色线钩出；

3. 用换色线钩立针；

4. 用换色线继续编织短针；换线后按编织要求继续编织，直至下次换线时再按此操作。

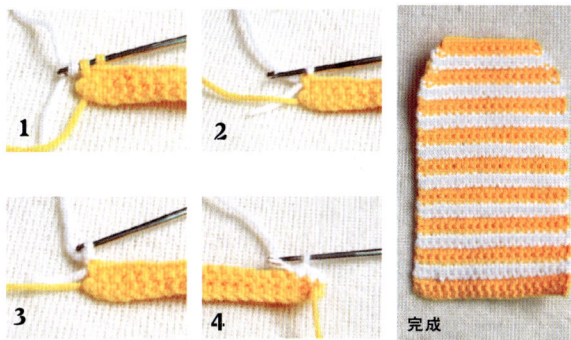

1　　2

3　　4

完成

I love ♥ve 🍒
cherry
甜美樱桃口金包

鲜艳欲滴的樱桃，
挡不住的纯情风！

A

B

甜美樱桃口金包

【工具】
2.0mm钩针
毛线缝针
手缝针

【材料】
A: 白色中粗线20g。
大红色、绿色、黑色中粗线各少许
7cm口金1个
B: 粉红色中粗线20g
白色中粗线少许
7cm口金1个

【成品尺寸】
高9.5cm(含口金)
高9.5cm(最大处)
开口处宽7cm

【编织要点】
1. 此款只使用了一种针法，即短针；
2. 利用加减针织出想要的形状；
3. 用手钩花样贴绣作装饰；
4. 安装口金。

【制作方法】

这一款口金包是用两片织片缝合起来的，辅以手钩花作贴绣及手绣字作装饰，风格可爱，适合时尚的年轻一族。

包包的主体是由两片梨形织片缝合的，两片织片的编织方法是相同的：

用2.0mm 钩针起辫子针16针，第1行织短针16针；第2行在最前端和最末端各加1针短针，织18针短针；第3行加针方式同第2行，织20针短针；第4行同前加针，织22针短针；第5行同前加针，织24针短针；第6行同前加针，织26针短针；第7行至第10行不加减针数，每行织26针短针；第11行的最前端2针合并为1针，最末端2针合并为1针；第12行织24针短针；第13行减针方法同第11行；第14行织短针22针；第15行减针方法同第11行；第16行织短针20针；第17行减针方法同第11行；第18行织短针18针；第19行至第26行不作增减，每行织短针18针，然后收针断线。

樱桃织法分三部分：大樱桃、小樱桃和绿叶。

大樱桃织法：环形内起针短针，第2行每针加1针，织12针短针，第3行隔针加1针，织18针短针，编织完收针断线。

小樱桃织法：同大樱桃织法，只织2行。

绿叶织法：首先起辫子针9针，然后编织立针1针，短针1针，中长针1针，长针5针，中长针1针，在最后1针辫子针同时织短针3针，在辫子针的另一侧织中长针1针，长针5针，中长针1针，短针1针，合拢收针断线。

用毛线缝针将樱桃缝于正面之上，注意花样的位置及形状，收好线头。在另一织片上用相应颜色的毛线绣上英文字母。

用毛线缝针缝合两片织片，需要预留出安装口金的位置，两端要反复缝合，以利于线头的牢固不易脱落。缝合好以后将预留好的安装口金的位置对应好口金的位置，用手缝针将两样东西缝合在一起，注意缝针的粗细小于口金上缝线的小孔。最后整理完成。

主体2片

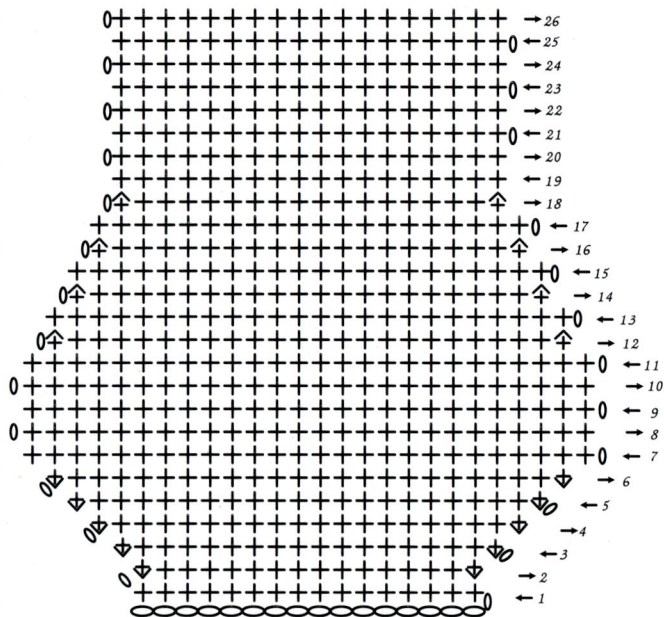

→ 26
← 25
→ 24
→ 23
→ 22
→ 21
→ 20
→ 19
→ 18
→ 17
← 16
← 15
→ 14
→ 13
→ 12
→ 11
→ 10
→ 9
→ 8
← 7
→ 6
→ 5
→ 4
→ 3
→ 2
→ 1

大樱桃1枚　　小樱桃1枚　　绿叶1枚

针法符号说明

十　　短针

↓　　短针1针放2针，夹角方向为1针

↑　　短针2针并1针，夹角方向为1针

丅　　中长针

表　　长针

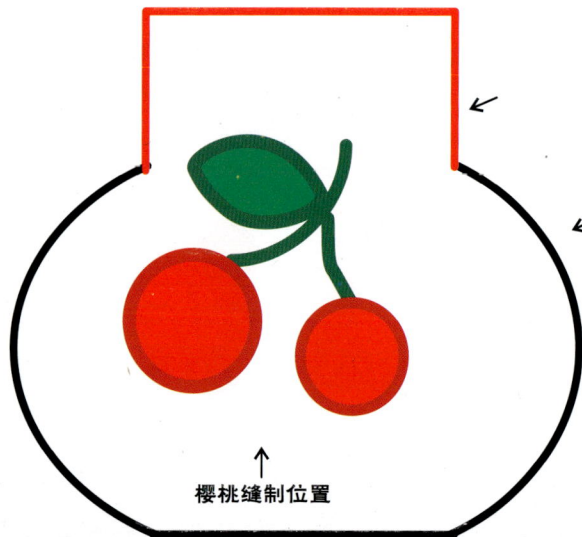

红线部分为
口金安装位置

黑红部分为
两片织片缝
合位置

↑
樱桃缝制位置

I love cherry

可爱小猫手机袋

调皮的小猫带给你无尽的生机与乐趣！

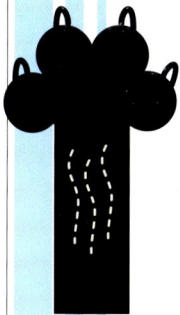

A

B

【工具】

2.0mm钩针
毛线缝针

【材料】

A：紫色、白色毛线各10g
黑色、深紫色、大红
色、黄色毛线各少许
B：黄色、白色毛线各10g
黑色、橙色、红色毛线
各少许

【成品尺寸】

宽6.5cm
高12cm

【编织要点】

1.通过使用不同颜色毛线编织出图案；
2.两片织片缝合后，在开口片钩边花；
3.手绣字作装饰，显现随意自然的感觉。

可爱小猫手机袋

【制作方法】

这款手机袋的风格非常可爱，配色图案的小猫和鱼充满了蜡笔画的感觉，色彩搭配简洁亮丽，边缘的造型类似蕾丝花边的编织，使手机袋整体可爱又不失精致。

以A款为例：

主体织片共两片，大、小形状及针法相同，只是配色图案一个为小猫，一个为鱼。

使用2.0mm钩针、紫色毛线开始起针，起辫子针18针，反复织短针4行，换白色线继续织短针。第五至第二十四行为配色图案区，用黑、白两色进行搭配，具体针数见下页图解。第25行至第32行换用紫色毛线，针法依然是短针，织完以后收针断线。

两片主体织片织完以后，将两片织片正面相对，用毛线缝针进行缝合，缝合的时候应该注意松紧要适度，针迹的疏密也要合适。

主体缝合完成以后，将正面翻出，整理好袋身。整理好以后，用白色毛线沿开口处边缘挑起织短针1行，织完后

向上织3针立针，再织辫子针1针，然后反复织长针1针，辫子针1针，织完以后织第三行花瓣花样，向上织3针辫子针，穿过本行第1针的针孔织2针长针，然后在本行第3针上再织1针，如此反复，织完此行以后，袋子的主体编织便完成了。

最后来为手机袋作装饰。用深紫色的毛线在第27行绣锯齿状的线条来作修饰。用大红色的毛线在配色图案区的空白处绣上猫咪爱吃鱼的字样，用黄色的毛线在左边的猫耳朵处绣上花瓣花样。

按照以上方法制作，一款可爱的蜡笔绘画风格手机袋就完成了。还可以在图案本色区织上一些你喜欢的图案，或者用一些其他的辅料，例如亮片、米珠、彩带、绢花等做一些自己喜欢的装饰，充分发挥自己的创意，让自己的作品更加充满个性。

主体织片各1片

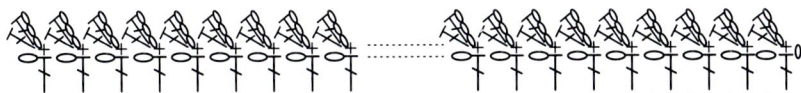

两片缝合后，开口处挑起环织边缘

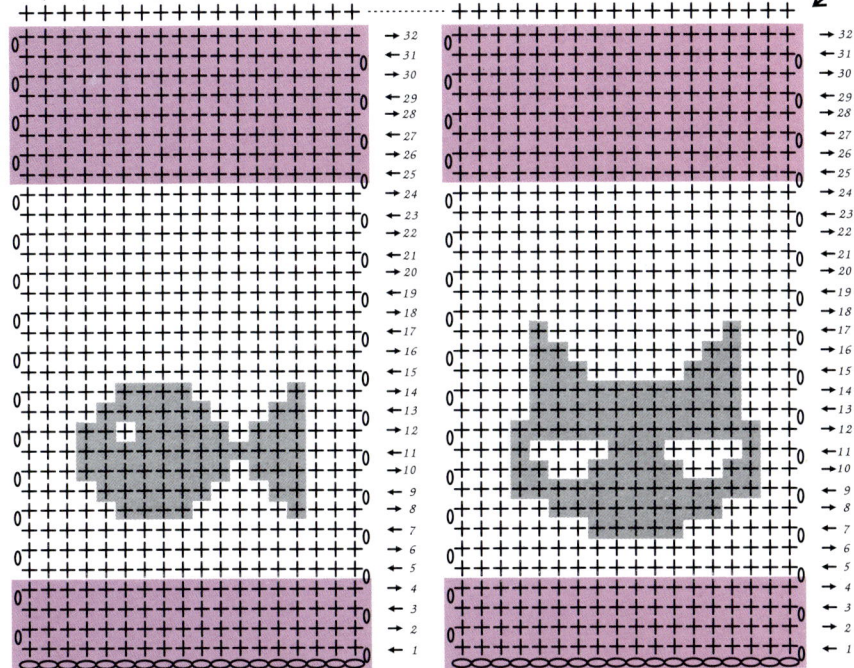

→ 32
← 31
→ 30
← 29
→ 28
← 27
→ 26
← 25
→ 24
← 23
→ 22
← 21
→ 20
← 19
→ 18
← 17
→ 16
← 15
→ 14
← 13
→ 12
← 11
→ 10
← 9
→ 8
← 7
→ 6
← 5
→ 4
← 3
→ 2
← 1

起针18针　　上图灰色区域使用黑色毛线

起针18针　　上图灰色区域使用黑色毛线

针法符号说明

十　短针

○　辫子针

干　长针

颜色	
	紫色
	黑色
	黄色
	大红色
	深紫色
	橙色

A款配色图

猫咪

爱吃鱼

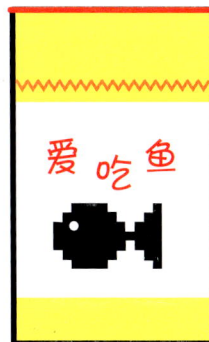

沿黑线缝合织片，红线为开口处，挑起织边缘

红字及黄花用毛线缝针使用相应颜色毛线手工缝制

B款配色图

猫咪

爱吃鱼

沿黑线缝合织片，红线为开口处，挑起织边缘

红字及黄花用毛线缝针使用相应颜色毛线手工缝制

自然花格小钱包

经典的格子花，在艳丽的色彩中荡漾……

【辅料】

直径1.5cm木制纽扣4枚

【材料】

A:　白色线15g
　　绿色线15g
B:　白色线15g
　　橙色线15g

【成品尺寸】

包底直径9cm
高9cm

自然花格小钱包

【编织要点】

1.包底采用短针轮状织;
2.两种颜色编织扇形错位花样,成品呈格子效果。

【制作方法】

　　这是一款非常有个性的零钱包,利用轮状织法编织零钱包的包底,沿包底向上编织,整个袋子的形状呈圆筒形,袋口对折安装纽扣,使圆筒形有了变化,整个袋子就变得活泼起来。

　　首先编织的是包底。用有色线环状起针6针,第二行再每针添1针,织12针;第三行至第十行每行添6针,至第十行的时候总共织60针;第十一行至第十三行针数不再增减,包底完成。

　　然后编织的是包身。第十四行,换白色线编织扇形花样;织短针1针,隔2针,在第3针针眼上钩5针长针,再间隔2针,在第3针针眼上织1针短针,反复此花样,总共编织10个扇形花样;第十五行换有色线编织,在前一行扇形花样的最高点(五针长针的中间那一针)上钩短针,在前行的短针上钩5针长针,如此反复,此行共织10个扇形花样;第十六行到第二十一行,反复换色线编织扇形花样,共编织4行白色扇形花样,4行有色扇形花样。

　　最后来编织袋口。第二十二行织短针,在前行扇形中间的3针上织3针短针,再织3针辫子针,然后又在下一个扇形花样的中间3针针眼上编织3针短针,如此反复,此行总共织60针短针;第二十三行继续编织短针,针数不再作增减;第二十四行的短针编织时需要按图示用辫子针预留出扣眼;第二十五行继续编织60针短针,前行的辫子针上也钩起同样数目的短针,总共是60针短针,这款包包的主体便完成了。

　　织完包包以后,一定要检查一下线头是否整理好,并整理一下包形,在预留出扣眼的相应位置钉好事先准备好的4枚木制纽扣。

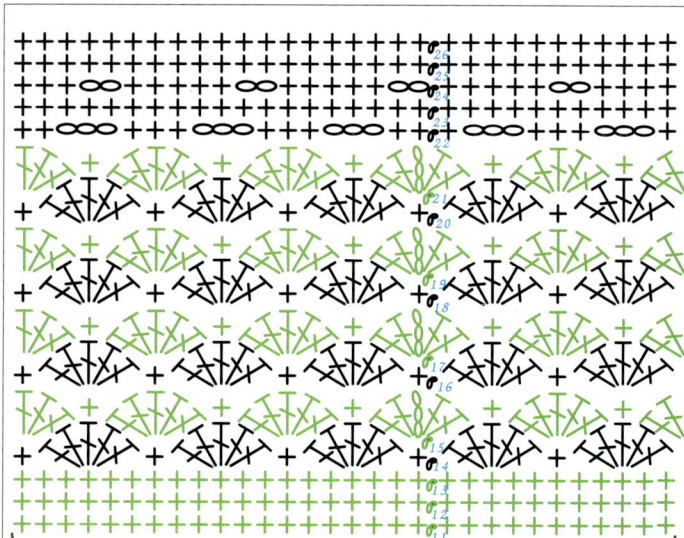

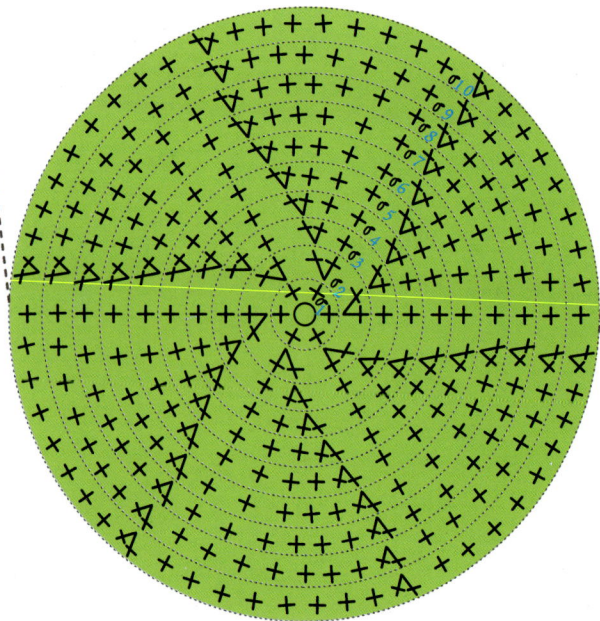

A款配色编织图：

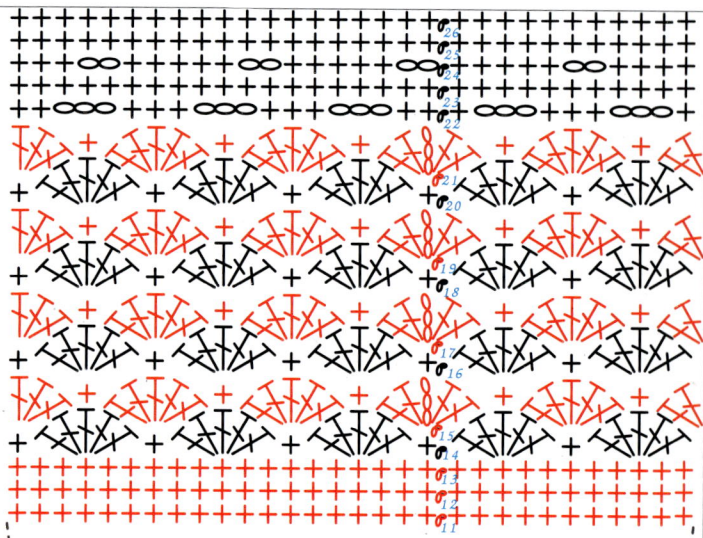

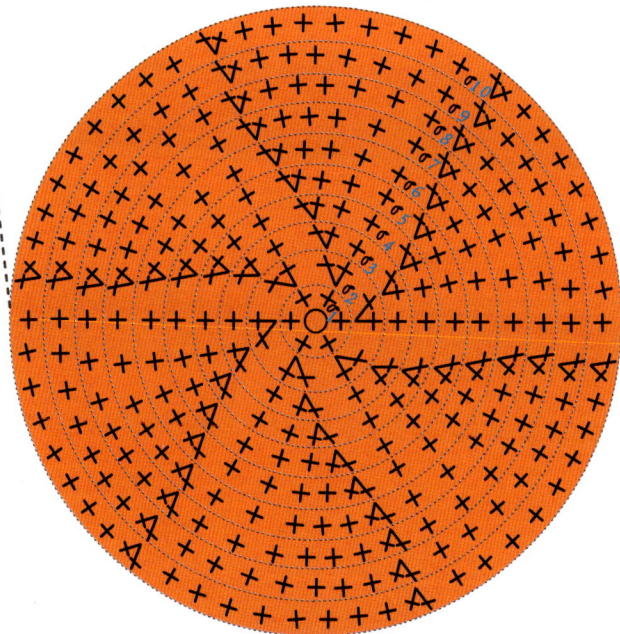

B款配色编织图

趣味雏菊口金包

只想做一回雏
菊，抓牢脚下的土
地，盛开在自己的
春天里。

A

B

趣味雏菊口金包

【制作方法】

　　这是一款由两片正方形钩针织片拼合的口金包，安装口金的时候将正方形织片的一边进行收皱的处理，包形显得更加时尚。

　　正方形织片是由中心起针，向周围扩展的单元花样。在手指上面绕一线圈，用黄色线从线圈中心起16针长针；第二行，换用蓝色线钩4针立针，再从钩起立针的针孔中钩2针长长针，然后钩3针辫子针，穿过前面一行隔1针长针的针眼编织3针长针，如此反复编织，织完此行织片就扩展成了方形；第三行，换白色的线在第二行方形的一角的长长针的针眼上织3针短针，在辫子针上钩1针短针，穿过第一行相对应的未钩的针眼钩出2针长针，然后在刚才钩短针的第二行辫子上钩1针短针，以此类推。第四行到第六行全部用蓝色线，编织长针。第四行从第三行的每个针眼钩出1针长针，从4个角上的4个针眼每个针眼中钩出5针长针；第五行和第六行都按照第四行的方法进行编织，这个正方形织片就全部完成了。

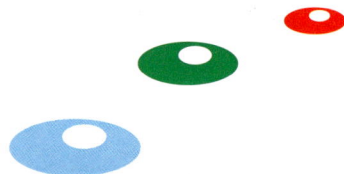

　　按同样的方法织两片一样的织片，织完后进行拼合，因为美观的原因，选择了织片的背面作为包包的正面，所以将两片织片背面相对，预留出安装口金的位置，用毛线缝针和蓝色线缝合，缝合时用毛线缝针同时穿过两片织片所相对的针眼，始终按一个方向进行缝合，用力需要适中，在缝合的两端要多缝几次并打结固定，将预留的位置对上口金，两侧的位置要对直，上边的开口边酌情进行收皱处理，使其显得美观自然，并使用蓝色线和毛线缝针将其固定好，这款精致的口金包就全部完成了。

包身编织图

红色线为口金安装处

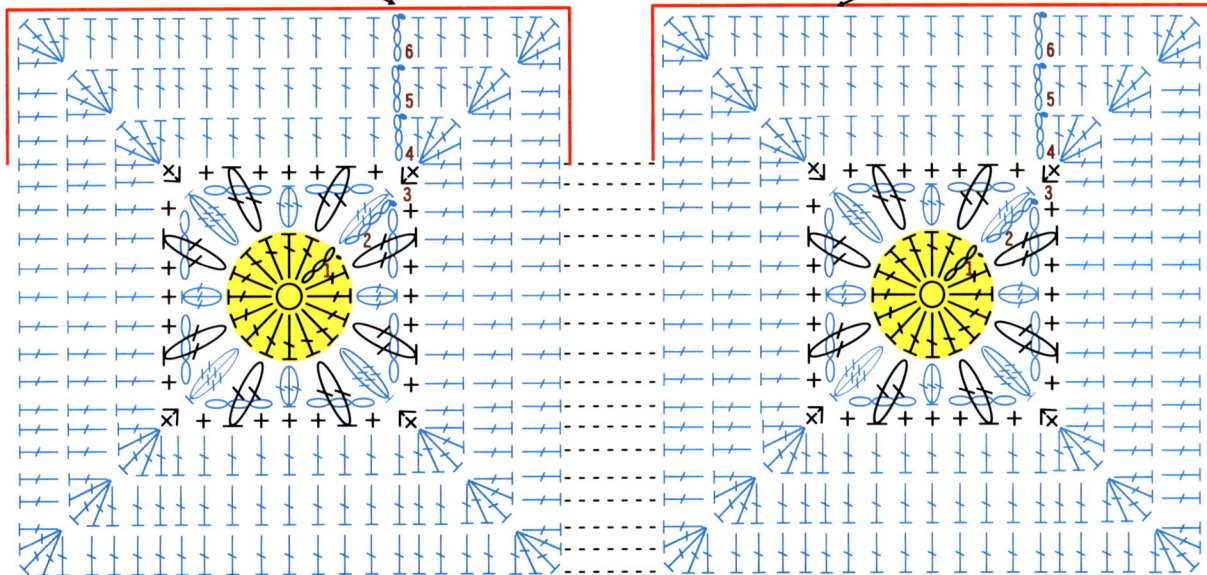

红色线为口金安装处

玫红色款配色图

A

B

创意袜子口金包

别致的造型，
却可收纳各种小
物件。

创意袜子口金包

【工具】
　2.0mm钩针
　毛线缝针
【材料】
　A: 红色毛线15g
　　　白色毛线15g
　B: 灰色毛线35g
　　　红色、绿色毛线各
少许
【辅料】
　7cm口金1个

【成品尺寸】
袋身长18cm
袋口宽7cm

【编织要点】
　1.从中心开始的圆形编织;
　2.不同颜色毛线的换线技巧;
　3.袜子后跟部分的编织方法，在编织过程中同时缝合后跟的方法和技巧;
　4.口金的安装方法。

【制作方法】

这一款口金包的设计很巧妙，是一款袜子形态的包包，一只是简洁条纹的，一只是可爱樱桃的，这种设计不仅实用，而且俏皮有趣。

编织从袜子的前端（脚尖）开始，前端编织为一个圆形。以中心起针方法起针，第一行编织6针短针，第二行加6针，织12针短针；第三行再加6针，织18针短针；以此类推，第四行织24针短针；第五行织30针短针；第六行织36针短针；第七行织42针短针；第八行至第二十三行不增减针；第二十四行至第三十六行是后跟部的编织，只织前21针，前六行每行收2针，后六行每行加2针，在织后六行时折回与对应收针部分缝合，新手也可以织完后用毛线缝针手缝；第三十七行将后跟部21针和第二十四行未编织的21针联合编织，回到编织后跟部以前的环形编织，针数也不作增减，一直编织到第五十一行，第五十二行至第五十八行分为两片编织，完成后形成两片矩形凸出部分，便于安装口

金。最后用毛线缝针将织好的袋身缝制在口金之上，并处理好线头等细节。

A款是红色和白色的条纹，颜色的搭配可参见下页图解部分。

B款是全灰色编织，在袋口下方用手钩樱桃作贴绣装饰，参照图解。

用熨斗进行轻微熨烫，以便使包包最后的效果更为漂亮。

B款樱桃编织图

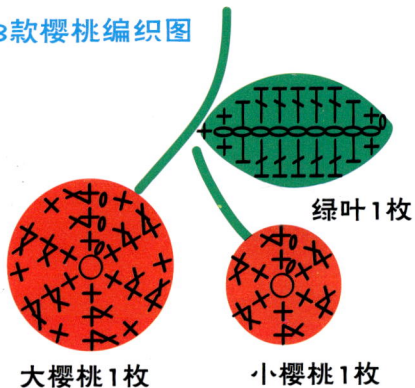

绿叶1枚

大樱桃1枚　　小樱桃1枚

B款配色图

口金安装处

A款编织及配色图

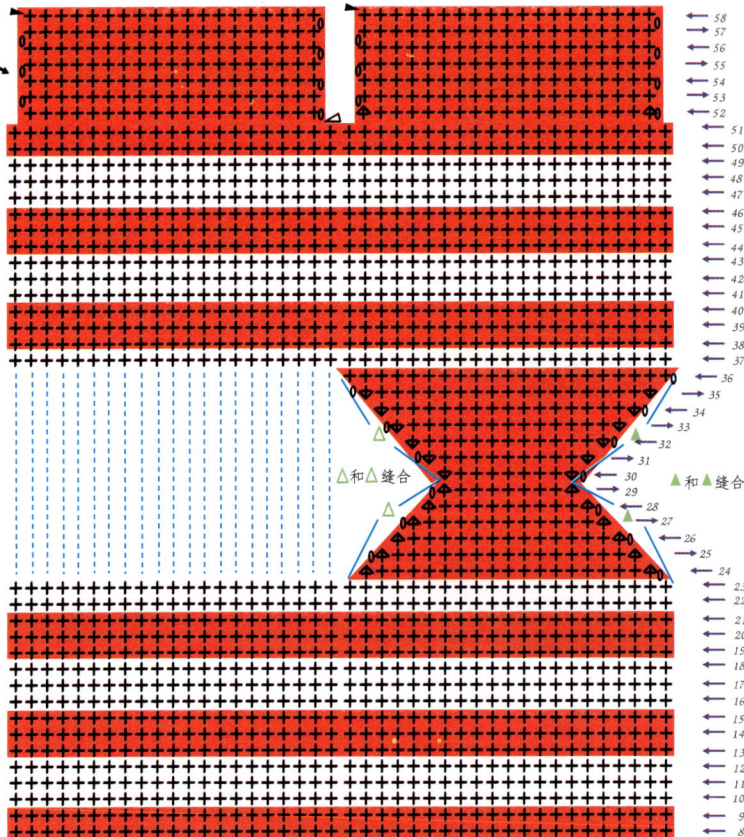

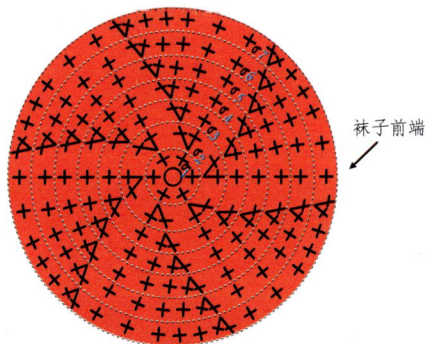

△和△缝合　　▲和▲缝合

58
57
56
55
54
53
52
51
50
49
48
47
46
45
44
43
42
41
40
39
38
37
36
35
34
33
32
31
30
29
28
27
26
25
24
23
22
21
20
19
18
17
16
15
14
13
12
11
10
9
8

袜子前端

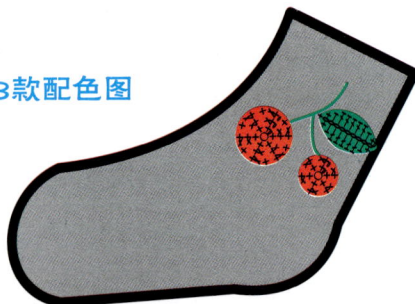

针法符号说明

符号	说明
十	短针
↓	短针1针放2针，夹角方向为1针
↑	短针2针并1针，夹角方向为1针
Ｔ	中长针
Ｆ	长针

30

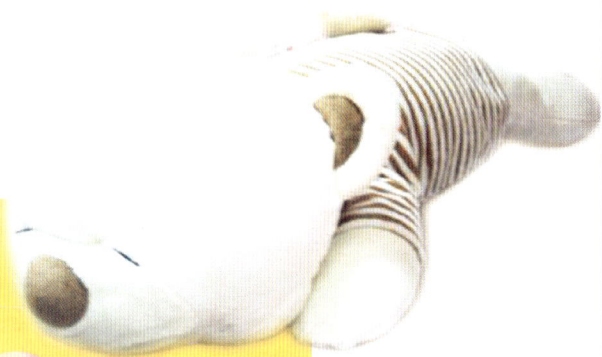

A

B

恬静翻盖小手包

独特的翻盖设计；
粉嫩的颜色；非一般的
搭配；时尚又不乏可爱！

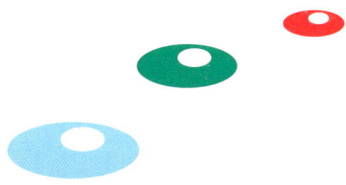

恬静翻盖小手包

【工具】

2.0mm钩针

毛线缝针

【材料】

A: 蓝色线20g

白色线10g

B: 粉红线20g

白色线10g

【辅料】

纽扣1枚

【实物尺寸】

高10cm

宽10.5cm

翻盖花样直径9.5cm

【编织要点】

1.包的型号的确定;

2.翻盖的安装。

【制作方法】

这款手包选择了翻盖的式样，属于简单实用的类型。

首先编织的是包的主体。包体用辫子针起针，围绕辫子针进行环织长针，螺旋向上编织，通过适度的加针和减针将包体织成我们想要的形状，针数的详细增减可参见编织图。需要注意的是每一行结束的一针需要衔接自然，无论太松还是太紧都会有痕迹。

翻盖是一个圆形的八瓣花样，采用由中心起针，环形添针的方式进行编织。这种花样编织的起针是在手指上绕一线圈，钩完第一圈以后通过拉动线尾来将线圈的大小调节到适合的大小。然后逐圈增加针数，将花样扩展成我们想要的型号。具体针法可详见编织图。需要注意的是，在全部完成这个花样以后，在其中一片花瓣的顶端，要钩出一个纽襻，用来扣纽扣。

最后一步就是将完成的两部分缝合在一起，才是一个完整的手包。翻盖是一完整的类似圆形的花样，将花样的一半弧形缝制在包体的背面，另一半弧形从包体上露出来，

作为手包的翻盖。缝制的时候需要注意的有两点：有纽襻的一半缝在前面，对好纽扣的位置；背面的一半注意针迹的幅度要适中，缝上去要漂亮。

这些步骤全部完成以后，就在相应位置钉好纽扣，恬静翻盖小手包就做好了。

针法符号说明

符号	名称
✚	短针
○	辫子针
✝	长针

包身编织图

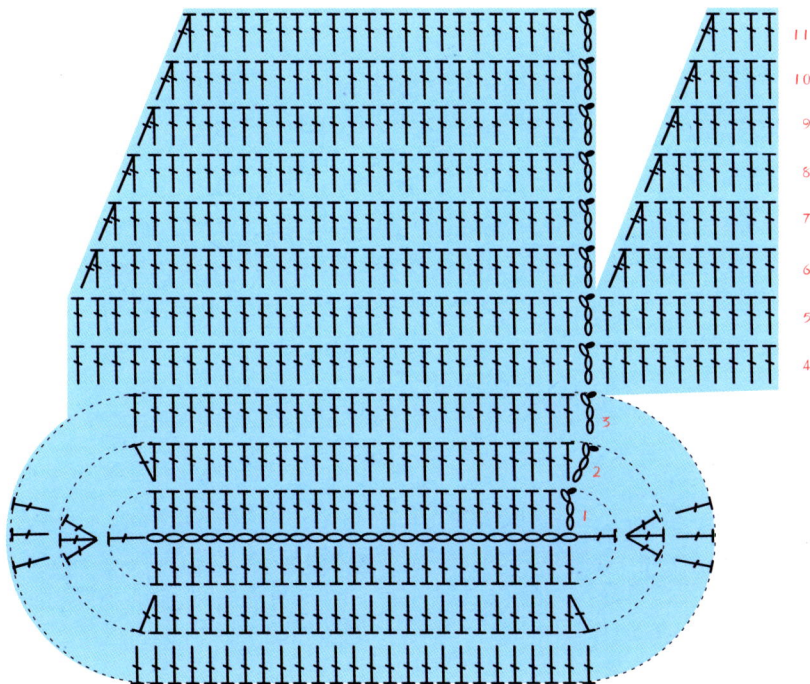

包身编织图

包身编织图

整体效果图（正面） 整体效果图（背面）

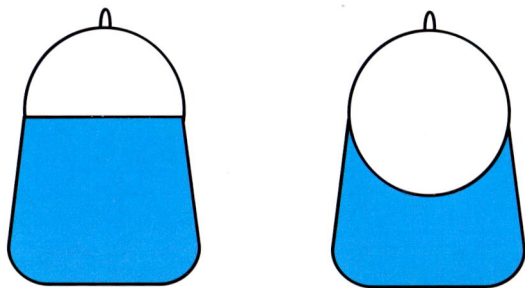

整体效果图（正面） 整体效果图（背面）

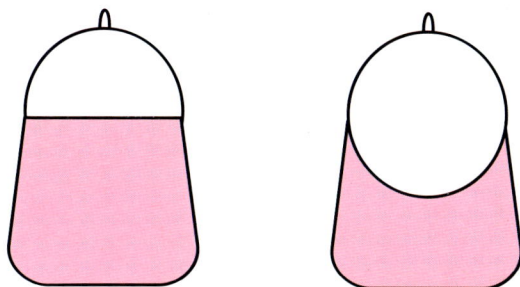

别致玫瑰手机袋

别致的外形，象征爱情的玫瑰！

【工具】

2.0mm钩针

毛线缝针

【材料】

A：灰色中粗线25g

B：蓝紫色煅染线25g

【成品尺寸】

高11cm

宽7cm

【编织要点】

1.包底是由短针编织的椭圆形，包口用反向短针作装饰；

2.玫瑰的编织及制作。

别致玫瑰手机袋

【制作方法】

这是一款美观实用的手机包，制作的方法相对简单，不需要复杂的技巧，特别适合新手编织。

首先从手机袋的底部开始编织，起辫子针10针，然后围绕这10针辫子针环形编织短针，短针的编织从第一行到第四行，需要注意的是，在编织过程中在这10针辫子针的两端进行适当的添针，使其扩展成为一个椭圆形，具体的加针位置和针数可参见下页图解。

织好手机袋的底部以后，就开始编织手机袋的袋身。手机袋的袋身是由一种花样织成的，从第五行到第十二行，每行一个完整的花样，针数也按照第四行的针数不变，不再作增减。第五行到第十二行的花样为：先钩1针辫子针，再穿过同1针针眼钩出3针长针后锁为1针，这样视觉效果就像一个待放的花苞，2针一个花样，每一行编织17个花样，从第五行到第十二行，一共编织8行。

袋身编织完以后，就编织袋口的部分。手机袋的袋口

依旧是作短针编织，一共需要编织3行短针，最后再编织1行反向短针，使袋口显得更加丰满，更加好看。

袋子编织完成以后，就要为袋子加上包带和手钩玫瑰作装饰。装饰花是一朵玫瑰，编织的方法是：起辫子针43针，第一针至第五针辫子针里面织第一个花瓣，第一针里钩短针，第二针里钩1针中长针、1针长针，第三和第四针里各钩2针长针，第五针里钩1针长针、1针中长针；按此方法重复4次；第二种花瓣要小一点，辫子针只用4针，减少2针长针，按此方法重复4次；最后一种花瓣更小，去掉中间的两个2针长针，按此方法重复两次。织完以后，将其卷曲成玫瑰花形，用毛线缝针将其固定并缝制在完成好的手机袋上相应的位置。包带一共长13cm，钩制针法详见编织图，织好以后将其对折，用毛线缝针固定在袋口的一侧，注意缝制包带和缝制玫瑰的位置要错开。

袋身编织图

包袋编织图

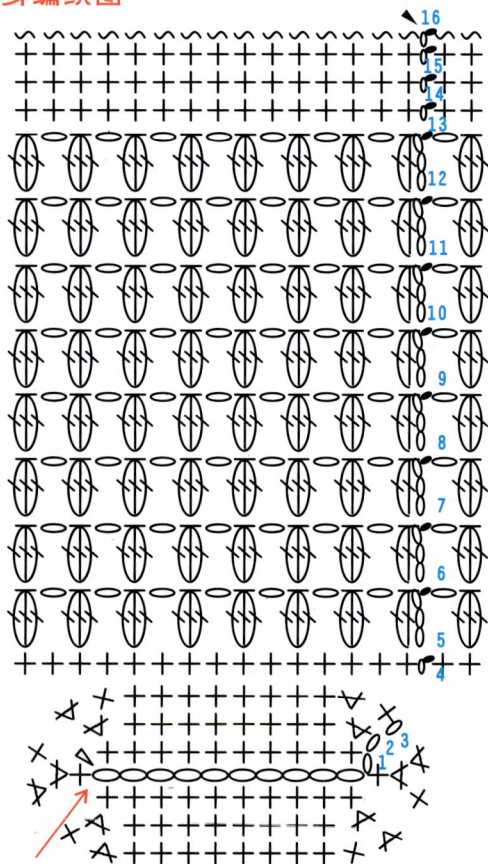

起针：辫子针10针

整体缝合示意图

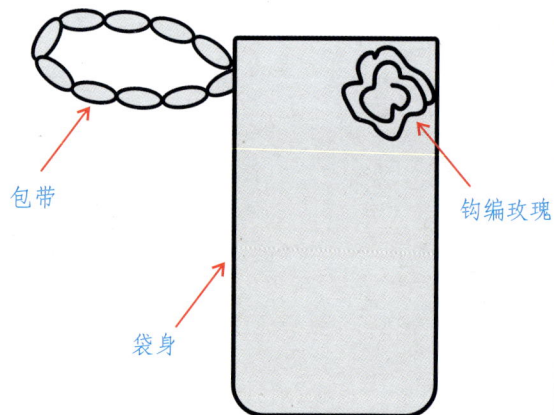

包带

钩编玫瑰

袋身

装饰玫瑰编织图

起辫子针42针

A

B

带来随心圆口袋

半开的扇形，似
香绽放的花瓣。将最
最心爱的小饰物，装
进这圆形的袋里。

【工具】

　2.0mm钩针

【材料】

　A：紫色线40g
　B：嫩黄色线40g

【辅料】

　丝带

【成品尺寸】

　包底直径13cm
　包身高19cm

【编织要点】

　1.包底的圆形添针要均匀;
　2.包身花样编织的每行接头要整齐;
　3.包口荷叶边要蓬松。

带束随心圆口袋

【制作方法】

　　束口袋由来已久，随着时代的不断发展，也通过人们不断的创新，有了各种各样风格。束口袋结构简单，使用方便。

　　包底是由短针编织的圆形。用中心绕线圈起针的方法起短针8针，然后以8的倍数进行添针，逐渐将其扩展成一个直径为13cm（视个人手劲松紧程度可能有少许出入）的正圆形织片，一共需要编织10行，圆形织片最终完成的外围针数为80针。

　　包身的花样编织是这样的：编织短针1针，再编织辫子针1针，然后隔3针后在第四针的针眼里钩一个扇形（3针长针、1针辫子针、再3针长针），再钩一个辫子针，后面再继续重复这种花样。第二行在扇形的辫子针上钩1针短针，然后再编织3针辫子针，在两个扇形中间的短针针眼上钩3针长针并锁1针，然后再编织3针辫子针，整行都重复此花样进行编织。这两行就是一个完整的花样，下一组花样与上一组花样错位编织，共编织8组花样。

　　包口的编织比较简单，就是进行网眼编织，编织方法是1针短针、3针辫子针，隔1针锁1针短针，然后再编织3针辫子针；第二行的短针锁在上一行辫子针的中间。这种针法一共需要编织7行，包口部分的编织就完成了。

　　编织全部完成以后，就将事先准备好的丝带穿过相应的位置（编织图上有标记），并系上一个漂亮的蝴蝶结哟。

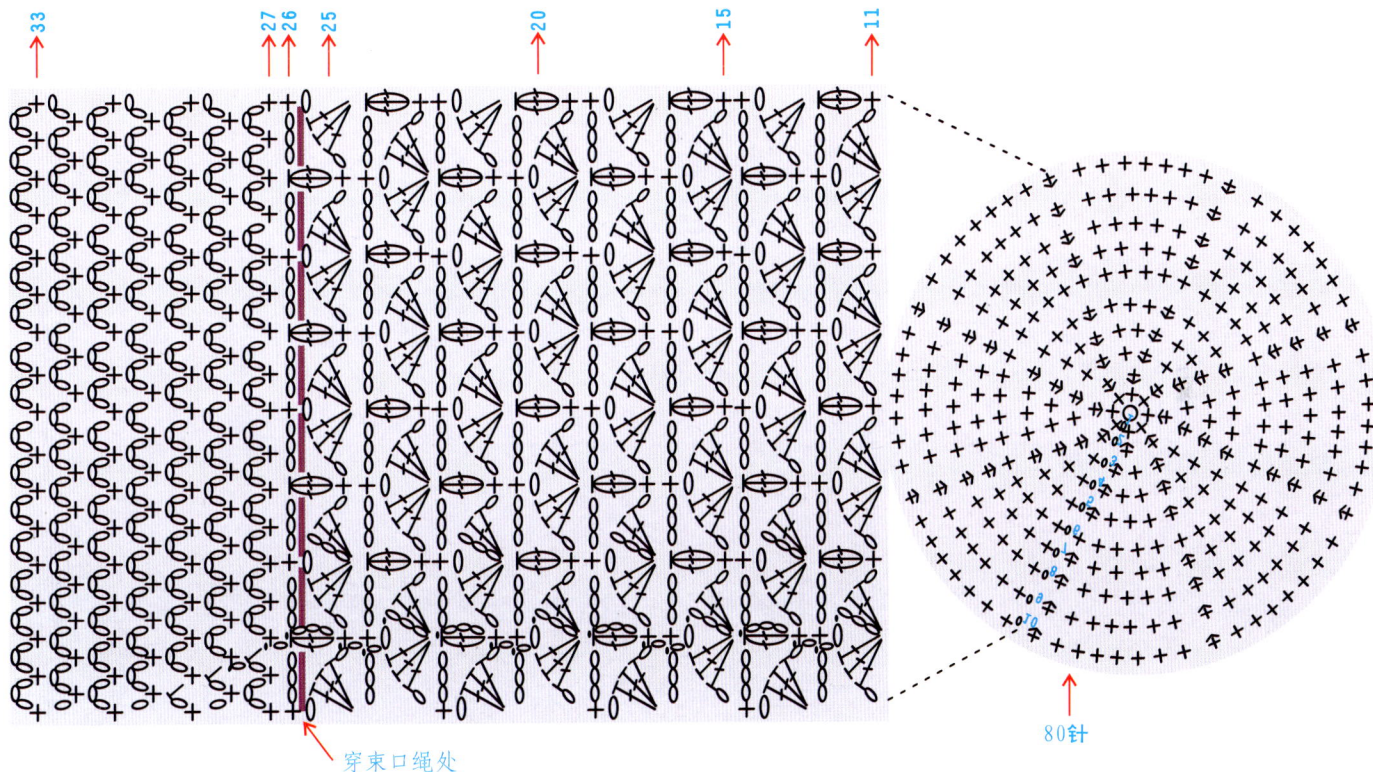

33　27　26　25　　　20　　　15　　　11

穿束口绳处

80针

包袋编织图

针法符号说明

○　辫子针

+　短针

↓　短针1针放2针，夹角方向为1针

↑　短针2针并1针，夹角方向为1针

干　长针

从一个针眼里钩出3针长针后锁为一针

从一个针眼里钩出一个扇形（3针长针+1针辫子针+3针长针）

可爱卡通手机包

强烈的对比色，使
小熊显得更加活泼可爱！

可爱卡通手机包

【工具】

2.0mm钩针

毛线缝针

【材料】

青蛙：绿色线10g
　　　白色线10g
　　　橙色线10g
　　　黑色线、红色线
　　　各少许

【辅料】

纽扣1枚

小熊：蓝色线10g
　　　白色线10g
　　　红色线10g

【成品尺寸】

宽7cm

高13cm（包主体）

【编织要点】

1.短针编织的密度要相同，成品才能平整;
2.卡通配件的安装要注意整体效果。

【制作方法】

这是两款颜色亮丽明快的卡通形象手机包。

两款手机包的主体制作方法是相同的，只是通过小配件的不同来表现不同的卡通形象。

首先讲述主体编织的方法，以青蛙为例。主体的全部针法都是短针，用绿色线环形起针，从第一行到第六行逐渐扩展成为一个圆形，从第七行到第三十四行针数都不作增减，只是在编织到第十七行的时候换成白色线，编织到第二十五行的时候换成橙色线。从第三十五行到第四十一行是包盖的编织，在编织包盖的过程中一定要预留下扣眼，编织的详细针数及针数的具体的增减情况可参见编织图。

小熊手机包的主体制作方法跟青蛙手机包是相同的，只是颜色不同。主体编织完以后，再分别钩出眼睛、鼻子、耳朵，并用毛线缝针缝在相应的位置上，在扣眼的相对的位置上缝上事先准备好的纽扣。

我们还可以根据自己的喜好和想象做出一些更符合自己要求的创意，也让这种创作更有个性,更能突出自己动于的意义所在。

针法符号说明

符号	说明
✚	短针
⇟	短针1针放2针，夹角方向为1针
⇞	短针2针并1针，夹角方向为1针

小熊手机包编织图

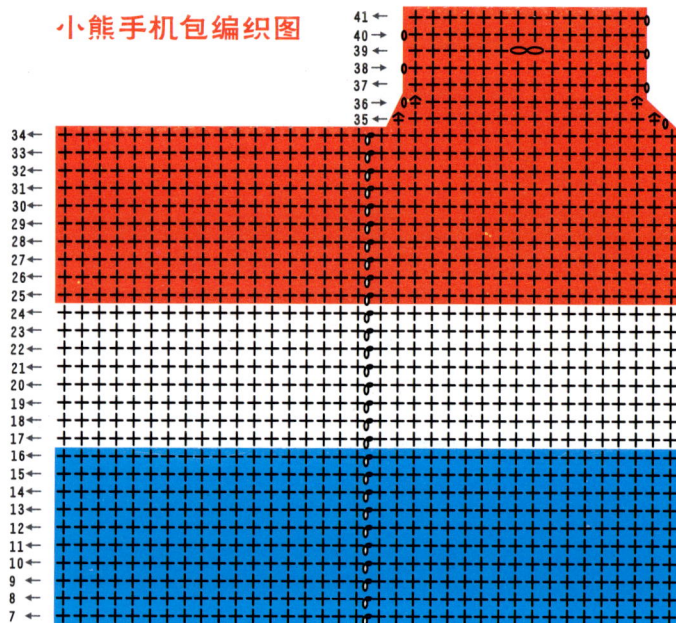

41 ←
40 →
39 ←
38 →
37 ←
36 →
35 ←

34 ←
33 →
32 ←
31 →
30 ←
29 →
28 ←
27 →
26 ←
25 →
24 ←
23 →
22 ←
21 →
20 ←
19 →
18 ←
17 →
16 ←
15 →
14 ←
13 →
12 ←
11 →
10 ←
9 →
8 ←
7 →

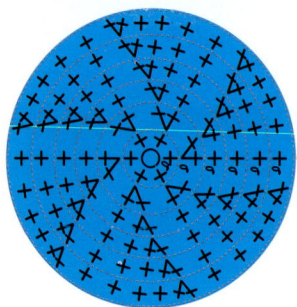

鼻子（1枚）

耳朵（2枚）

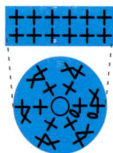

整体效果图

青蛙手机包编织图

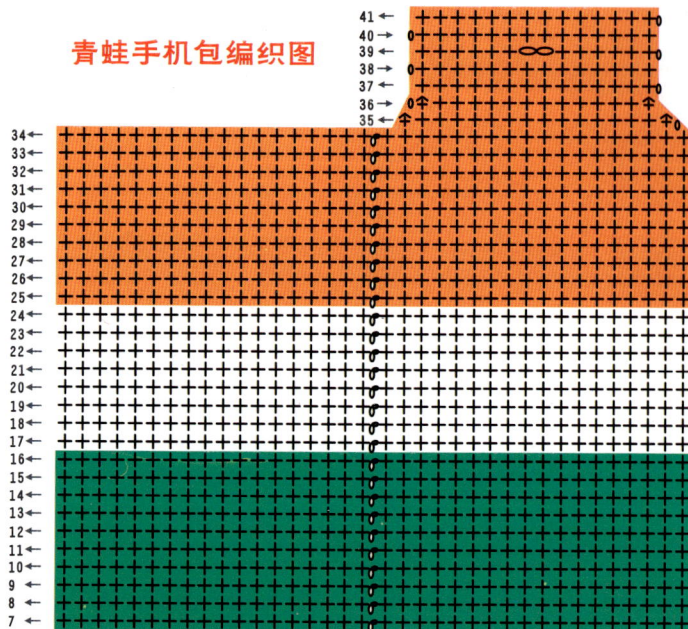

41 ←
40 →
39 ←
38 →
37 ←
36 →
35 ←

34 ←
33 →
32 ←
31 →
30 ←
29 →
28 ←
27 →
26 ←
25 →
24 ←
23 →
22 ←
21 →
20 ←
19 →
18 ←
17 →
16 ←
15 →
14 ←
13 →
12 ←
11 →
10 ←
9 →
8 ←
7 →

整体效果图

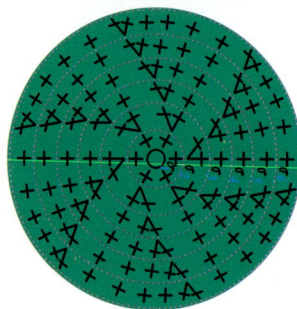

青蛙眼睛（2枚）

进阶篇

循序渐进，灵活运用各类针法及技巧！

菱形镂空花手袋

飘逸的花朵、镂空的朦胧感更好地解读出此款搭配的巧妙。

A

B

【编织要点】

1. 从中心开始的单元花，由于添针方式的不同，由圆形到方形的变换；
2. 单元花编织过程中的拼接；
3. 袋口挑织包带。

菱形镂空花手袋

【制作方法】

这是一款休闲又不失婉约的手提袋，适合内敛含蓄的知性美女，时尚且不张扬。

袋身是由两片相同的单元花织片构成的。

单元花的织法：从花样中心起针，将毛线在左手的食指上绕两圈，将钩针从线圈中心穿过织1短针，拉动线尾使线圈至合适大小，便开始织第一行，第一行是从线圈内钩出24针长针，第3针针眼上钩一个3针辫子针组成的狗牙拉针；第二行织8个长针，每个长针的中间间隔4针辫子针，每5针长针中间间隔2针辫子针；第四行，在前行5针长针的两端各加1针长针，共编织7针长针，中间间隔2针辫子针；第五行，在第四行的7针长针两端各加1针长针，共编织9针长针，每9针长针中间间隔2针辫子针；第六行，在第五行的9针长针上织9针长针，每9针长针中间间隔3针辫子针，到此时织片为一个圆形；第七行，前行每9针长针的两端各收1针，织7针长针，8个7针长针中间间隔分别是5针、13针辫子针，反复4次，花样就变成了四边形；第八行，在前行

的7针长针的两端各收1针，织5针长针，对应前行的5针辫子针上钩两个7针辫子针，中间在前行的5针辫子针上织短针，在13针辫子针上对应钩7针、13针、7针辫子针；第九行，将前行的5针并为1针，四边形的每边钩8个7针辫子针；第十行，以7针辫子针为1个花样，每边增加1个；第十一行，同第一行，每边织10个7针辫子针，单元花织完，收针断线。

编织第二片单元花样的最后一圈时，一边织一边拼合第一片织片。

袋身完成以后，在图示位置挑起8针长针，反复织长针8行。织完将两边的包带缝合。

以上是A款的编织方法。B款的袋身同A款，只是不织包带，而是在收口处织上边缘花样。

漂亮的菱形花镂空手袋就完成了，适当熨烫后效果更好。

袋身编织图

用毛线缝针缝合

针法符号说明

十 短针　　T 长针

○ 辫子针

⊗ 狗牙拉针

钩短针后钩3针辫子针，
将钩针插入短针及竖起
1针的针圈中，绕线后
同时从3个针圈中拉出。

B款边缘花样

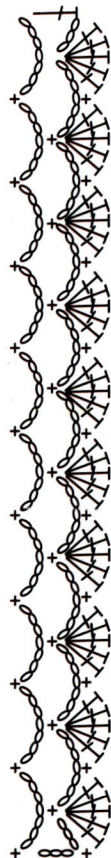

B

A

冰晶雪花雅致套包

【编织要点】

1.主体以短针为主，中间以白色镂空花装饰，呈现着花边的效果；

2.颜色的搭配上特别雅致，清爽的蓝色将洁白的雪花衬托得更加晶莹妩媚。

【制作方法】

这款套包由一只手提包和一只束口杂物袋组成，两个包主体的编织方法相同，只是线的粗细和钩针的型号不同，包上点缀的雪花编织方法也不同。

以A款为例：

从包底起针，用3.5mm 钩针、中粗蓝色毛线两股起辫子针30针，第一行围绕辫子针织1圈短针，两端的针圈内各钩3针短针；第二行至第四行在两端按图解增加针数织短针，扩展成一个长椭圆形；第五行至第二十二行环织短针，针数不作增加；第二十三行，换白色中粗毛线两股织短针1行；第二十四行和第二十五行按图解花样织镂空花样；第二十六行，环织短针一行；第二十七行，换回蓝色中粗毛线两股，环织短针1行；第二十八行至第二十九行，继续环织短针；第三十行，钩3针辫子针，在前行短针上隔3个针眼用一短针锁定，如此反复编织；第三十一行，在前行的3针环上钩4针短针，4针短针中间钩一个狗牙拉针花样，包主体完成。

按图解钩出包带和雪花以后，用毛线缝针缝制在包上相应的位置。

B款用2.0mm钩针，一股中粗毛线编织，在包体的最上端边缘不织手提包似的花样，而是全织6针环针，作用是用于贯穿束口袋。

环形钩织花样时，因为手用力的惯性和针眼的方向，会使成品呈现出轻微的向一方倾斜的现象，所以在成品完成以后，我们可以用熨斗适当地熨一下，这样可以让作品更加漂亮和精致，但是不宜过度熨烫，以防包体变形。

主体编织图

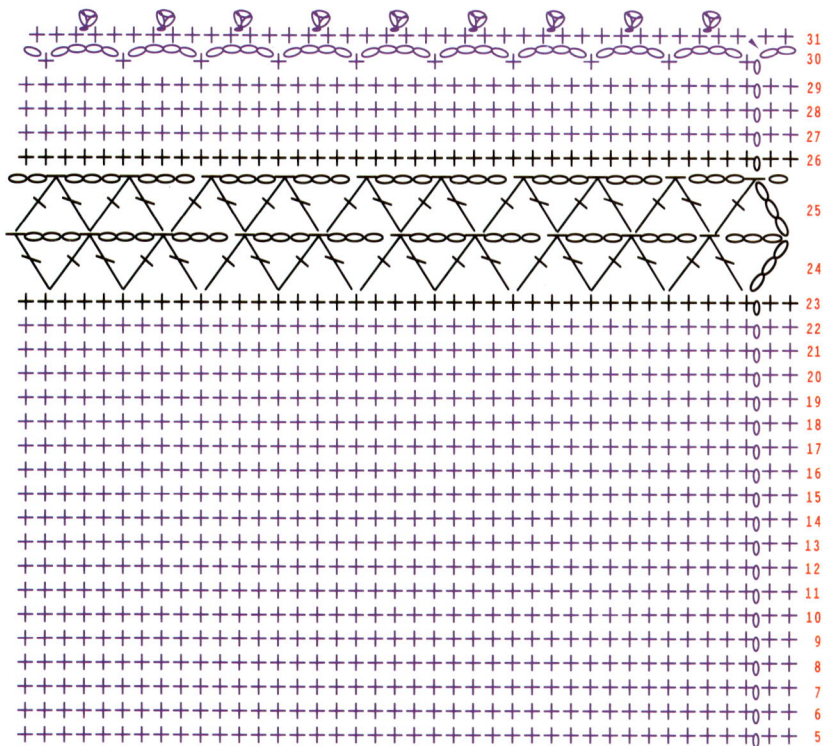

A款雪花编织图

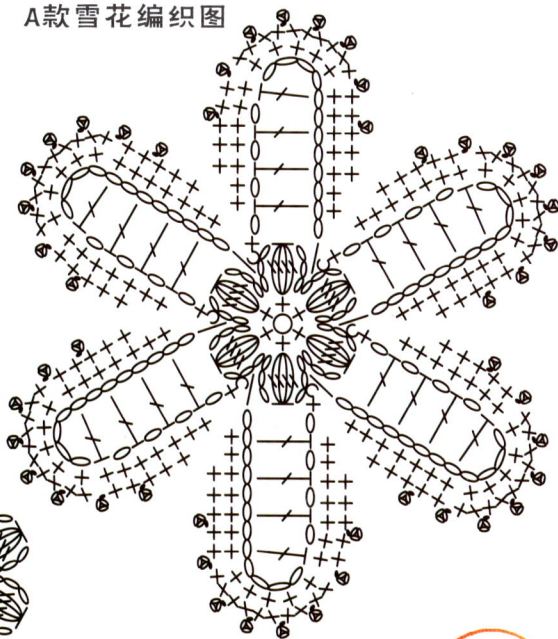

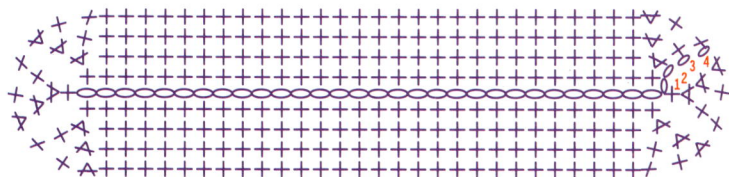

B款雪花编织图

包带编织图

起50针

迷人的菠萝花手提袋

迷人的菠萝花搭配简洁的线条让实用与美观巧妙地结合在一起。

迷人的菠萝花手提袋

【制作方法】

这一款手提袋是从袋底环形编织起来的手提袋，迷人的菠萝花造型加上简洁的方形袋体，以及粗毛线通过手工编织出来的自然而朴实的视觉感觉，使其看上去非常的时尚、美观又实用。

首先来编织袋底的长椭圆形包底。用3.5mm钩针起54针辫子针，然后围绕这54针辫子针作环形编织长针，在最前针还有最末针的针圈里各钩7针长针，这样就可以扩展编织成一个长椭圆形，两端成为扇形形状；第二行继续环形编织长针，加针的位置是第一行两端的7针之中的中间位置的5针长针，这5针长针的每个针圈里钩2针长针；第三行，继续环形编织长针，针数不再作增减。这样，手提袋的长椭圆形袋底就全部完成了。

从第四行开始编织袋身的菠萝花花样，先编织5针辫子针，隔3个针眼用1针短针锁定，再钩5针辫子针，如此反复编织直至这一行编织完；第五行，在前行的5针辫子针中间起钩5针辫子针，再用1针短针锁定在下1个5针环的中间，

接着从第三个5针环内钩出8针长针，使其成为一个扇形，用1针短针将其锁定在下一个5针环的中间，接着继续编织5针辫子针，用短针固定在下一个5针环的中间，如此反复，这一行共编织8个扇形花样；第六行，从扇形的8针长针中间钩起6针长针，再编织4针辫子针，用短针锁定在旁边的5针环上，再钩一个5针环，接着钩4针辫子针，反复编织8次；第七行，在前行的6针长针中间4针长针上编织长针，其余部分编织5针环花样；第八行，前行的长针位置两端继续各减少1针，变成2针长针，其余部分仍然是5针环花样。这样，完整的菠萝花花样就呈现出来了，将这个花样重复编织3次，完成后就织到了第十六行，第十七行全部编织5针环；第十八行从前行的每个5针环内挑起4针短针，共72针短针；第十九行至第二十二行与此相同；第二十三行在袋的正、反两面的正中30针钩辫子针，作用是开口作手提的位置，其余地方织短针；第二十四行在前行辫子针处挑起30针短针，全行72针短针，第二十五行至第二十八行与此相同。织完就全部完成了。

针法符号说明

o　辫子针

+　短针

T　长针

51

手提袋编织图

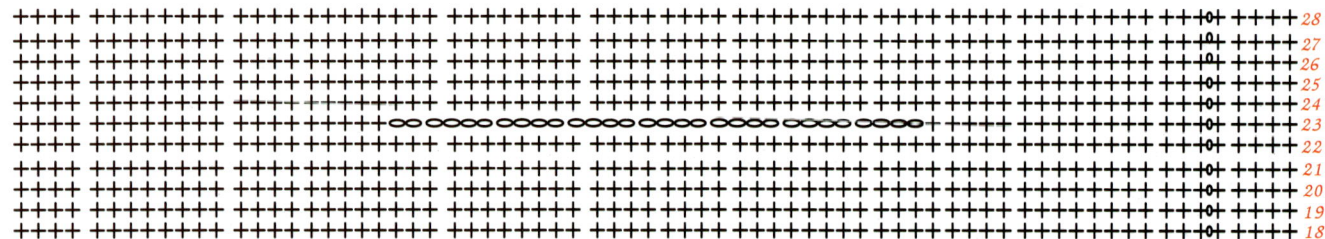

起54针辫子针

玫瑰之恋手提袋

似雪花飘飘，让本来
质朴的款式一下生动起来。

【工具】

2.0mm钩针

3.5mm钩针

毛线缝针

【材料】

手提包：白色线50g

玫红色线60g

手机袋：玫红线30g

白色线10g

【辅料】

竹手挽　1对

木纽扣　1枚

【成品尺寸】

手提袋：宽28cm、高20cm（不含手挽）

手机袋：宽8cm、高12cm（不含盖）

【编织要点】

1.主要针法为短针编织，特别注意的是袋身中间安装手挽处的弧形及手机袋盖的弧形收针；

2.装饰花和叶子是独立织好以后作贴绣，贴绣时要注意花样在整体结构中的位置要协调、好看，松紧要适度，成品才显得自然。

玫瑰之恋手提袋

【制作方法】

这一款套包的亮点在于玫瑰的点缀，颜色也选用了艳丽的玫瑰色，让这种浪漫的情绪贯穿始终。搭配选用竹制手挽以及木制纽扣，更增添了几分古朴的味道。套包的制作方法不是十分复杂，编织的主要针法以短针为主，包的结构也很简单。

手提袋的袋身分两片，两片织片的编织方法是相同的，全是短针编织。用3.5mm钩针，白色和玫红色线各一股合并起针50针，两面编织短针至第三十四行，然后开始在织片中间收针，上面的部分分为两部分织，使中间呈现一个弧形。用毛线缝针将两织片缝合起来，留有弧形一边为开口片，在开口一边除了弧形部位外都钩上边缘花样。按照图解钩出装饰的玫瑰花1朵及叶子2片，编织完以后用毛线缝针将其固定在相应的位置上。编织的工作全部完成以后，用毛线缝针将竹手挽安装在袋身开口处的弧形位置。

手机袋的制作方法跟手提包的制作方法是相似的，工具改为了2.0mm钩针，线为一股玫红色线，针数的多少在图

解中有详细的标注，背面比前面长出的部分是袋盖部分，在袋形的边缘编织边缘花样。袋盖编织过程中预留扣眼。手机袋的装饰花和叶子用一股白色线编织。

针法符号说明

╈	短针
仐	短针2针并1针，夹角方向为1针
⊤	中长针
₮	长针

提袋袋身织片：2片

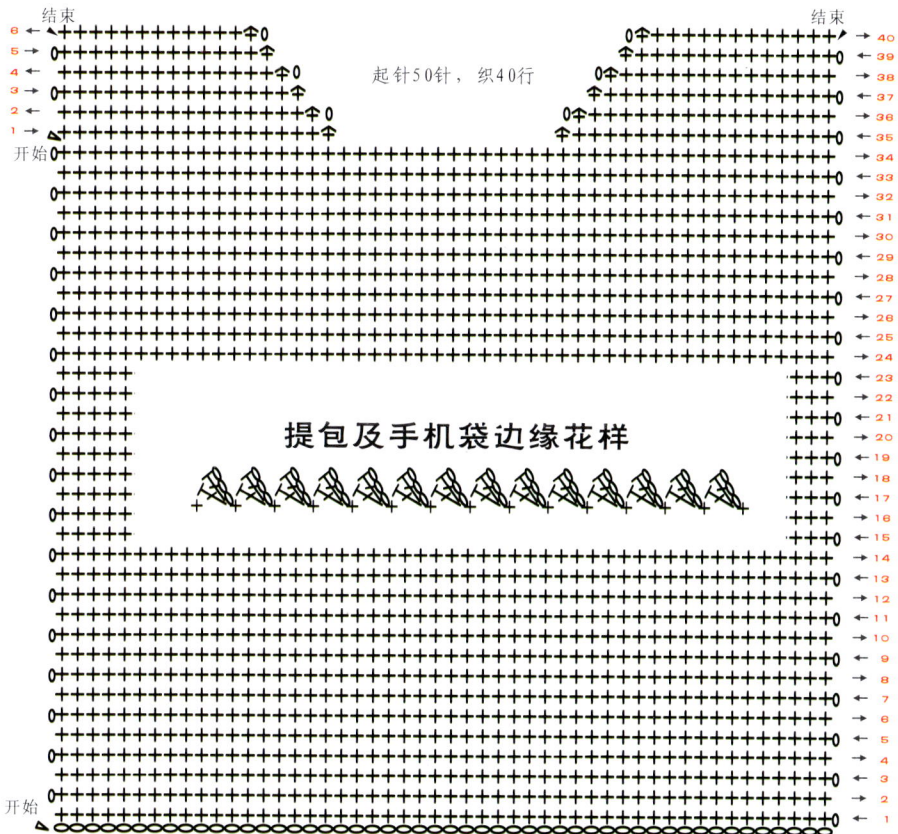

结束   结束

6
5
4
3
2
1
开始

起针50针，织40行

40
39
38
37
36
35
34
33
32
31
30
29
28
27
26
25
24
23
22
21
20
19
18
17
16
15
14
13
12
11
10
9
8
7
6
5
4
3
2
1

提包及手机袋边缘花样

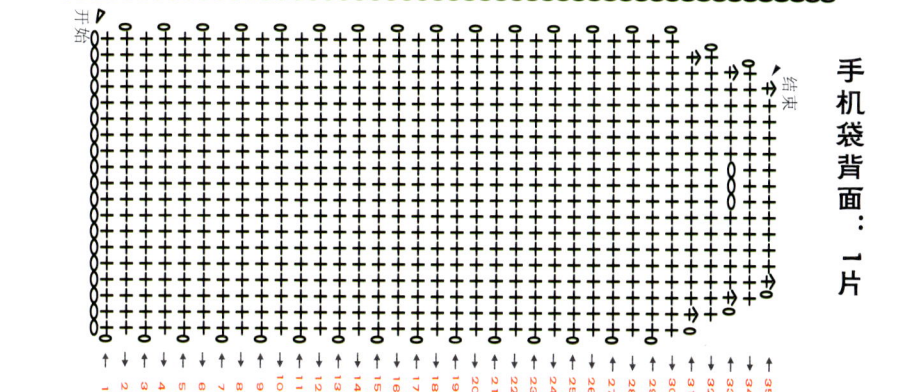

装饰花：2朵

（袋、手机袋各1朵，分别用红色2股、白色线1股编织）

装饰叶：4片

（手提袋、手机袋各2片，分别用红色2股、白色线1股编织）

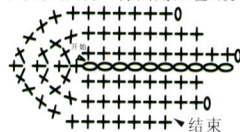

开始   结束

手机袋正面：1片

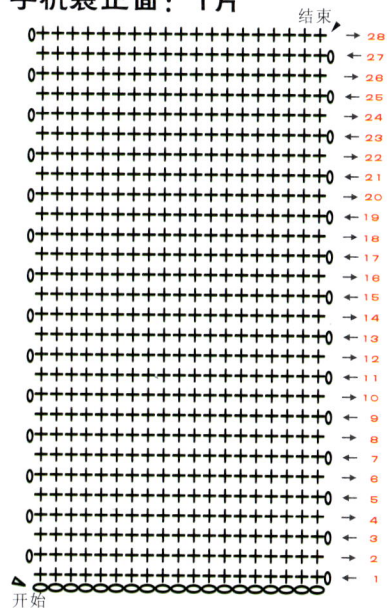

结束
28
27
26
25
24
23
22
21
20
19
18
17
16
15
14
13
12
11
10
9
8
7
6
5
4
3
2
1
开始

开始

手机袋背面：1片

结束

1 2 3 4 5 6 7 8 9 10 11 12 13 14 15 16 17 18 19 20 21 22 23 24 25 26 27 28 29 30 31 32 33 34 35

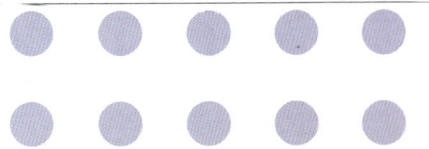

红与黑的经典套包

红与黑的碰撞，永恒
的经典搭配！

红与黑的经典套包

【材料】

黑色毛线120g

红色毛线20g

【编织要点】

1.包身是一块长方形织片，通过边缘的收紧使方形织片呈收拢蓬松感；

2.长长针编织的花样用毛线缝针卷缝制成装饰花。

【制作方法】

这款包包的风格很休闲随意，适合逛街购物时携带，红与黑颜色的搭配堪称经典。

包身起辫子针51针，向上编织长针29行以后编织结束，一块长方形织片就完成了，起针方向和收针方向先进行收紧编织，每3个长针边缘织2针短针（详细收针情况可详见编织图），编织7行，在第三行的中间16针的位置编织辫子针，第四行再编织短针，以便留出开口处作为包的提手。编织完成以后，将织片两片进行对折，并将边缘进行缝合，包包的编织就完成了。

接着来编织装饰花，用红色线起辫子针40针，向上编织长长针，第一个针孔里钩1针长长针，第二个针孔里钩2针长长针，按此反复编织，编织完以后，将其卷曲起来，用毛线缝针在背面将其缝合起来，松紧要适宜，这样成品才会显示得自然美观。

最后将所有的装饰花用毛线缝针固定在包身的相应位置上，这款包包就完成了。

针法符号说明

+	短针
O	辫子针
T	长针
	长长针
/	开始
✓	结束

编织顺序示意图

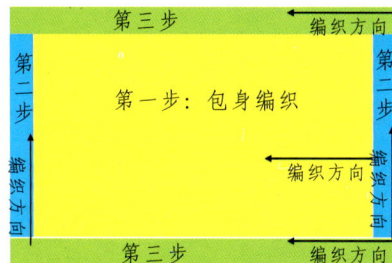

第三步　　　　编织方向

第二步　　第一步：包身编织　　第二步

编织方向

第三步　　　　编织方向

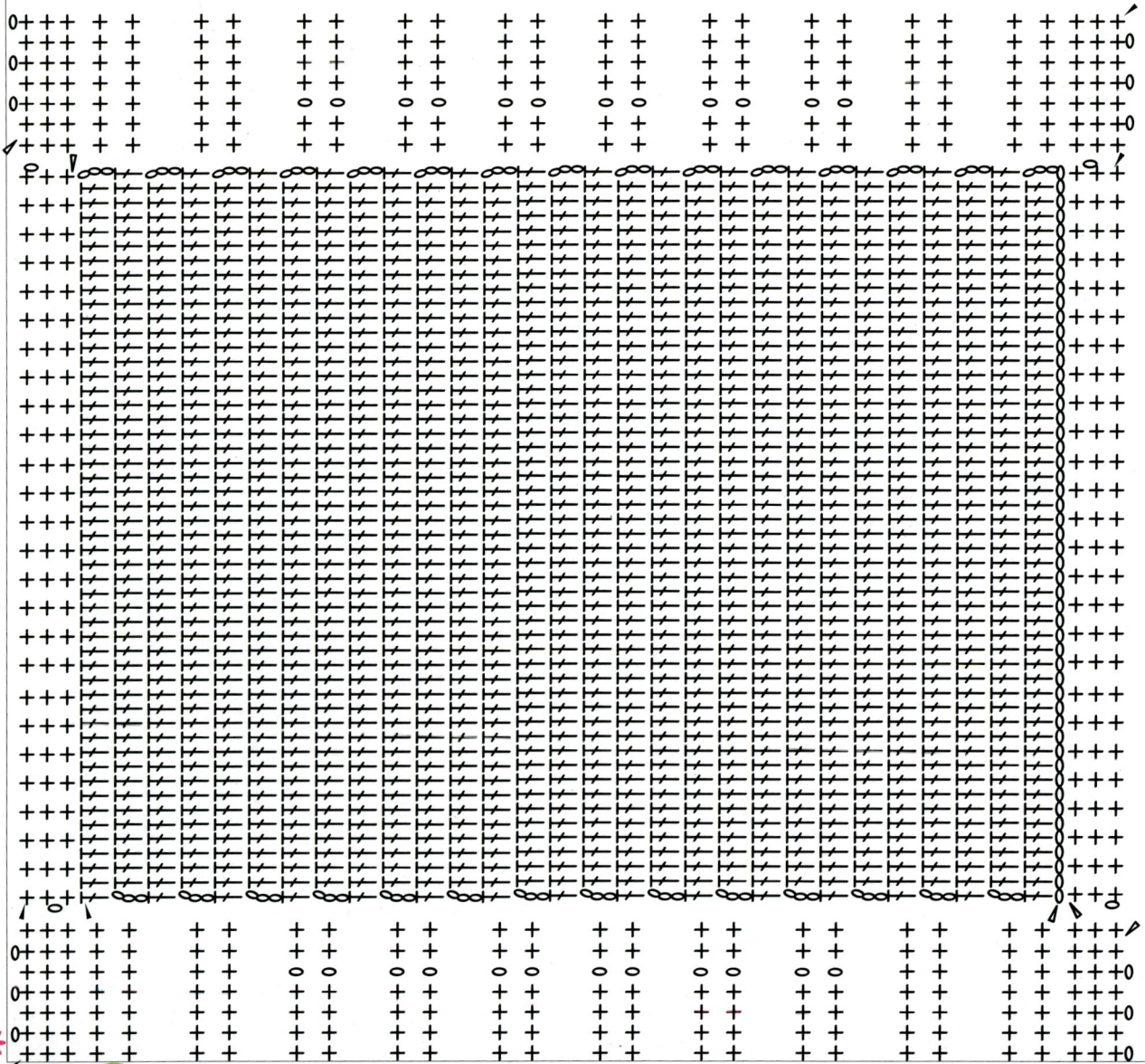

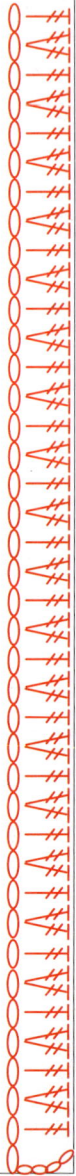

包身编织图

素雅的九月菊提包

在单一色的圆形提包上配以九月菊，既素雅，又不显单调。

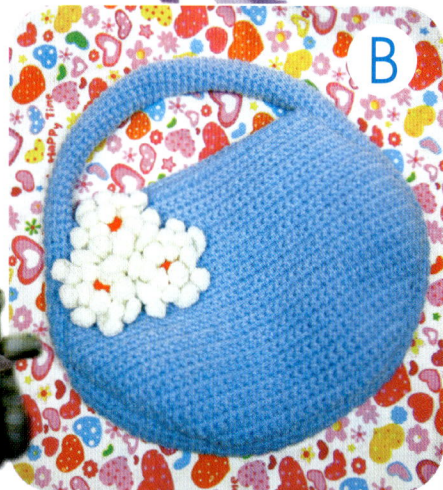

A

B

【材料】

A: 蓝色线120g

白色线、橙色线各少许

B: 黄色线120g

白色线、橙色线各少许

【成品尺寸】

宽25cm

高23cm（含包带）

【编织要点】

1.反向短针收口；

2.缝好装饰花以后再缝制整包；

3.缝制整包注意包形的完美、线条的流畅、缝迹的松紧。

素雅的九月菊提包

【制作方法】

　　这款提包除了装饰花部分以外，全部是使用短针编织的。包形整体呈现丰满的圆弧形状，包带也是圆柱形的，整体线条流畅饱满，并配以白色的九月菊作为点缀，更显得亮丽而且时尚。

　　包包分为正面、背面以及包带三个部分。正背两面的编织方法是相同的。起辫子针20针，第一行至第八行每行添加2针，第九行至第十四行每隔2行添加2针，第十五行至第二十行针数不作增减，第二十一行至第三十三行隔行减2针，第三十四行针数不增减，织反向短针。

　　包带起辫子针8针，两面编织短针，长度编织至包底加两侧长度后合拢并环形编织短针作提手，长度为26cm，最后与起一端连接。

　　装饰花的中心由橙色线编织长针16针，上面的一层的小瓣起8针辫子针，编织长针6针；下面一层的花瓣是起辫子针10针，编织长针8针，这样的花样一共编织3枚。三部分全部编织完以后，按照整包的效果图将它们缝合起来，

这款包包就全部完成了。

针法符号说明

○	辫子针
＋	短针
⊹	短针1针放2针，夹角方向为1针
⋏	短针2针并1针，夹角方向为1针
Ｔ	中长针
Ｆ	长针
⋎	反向短针

包面（正面、背面1片）

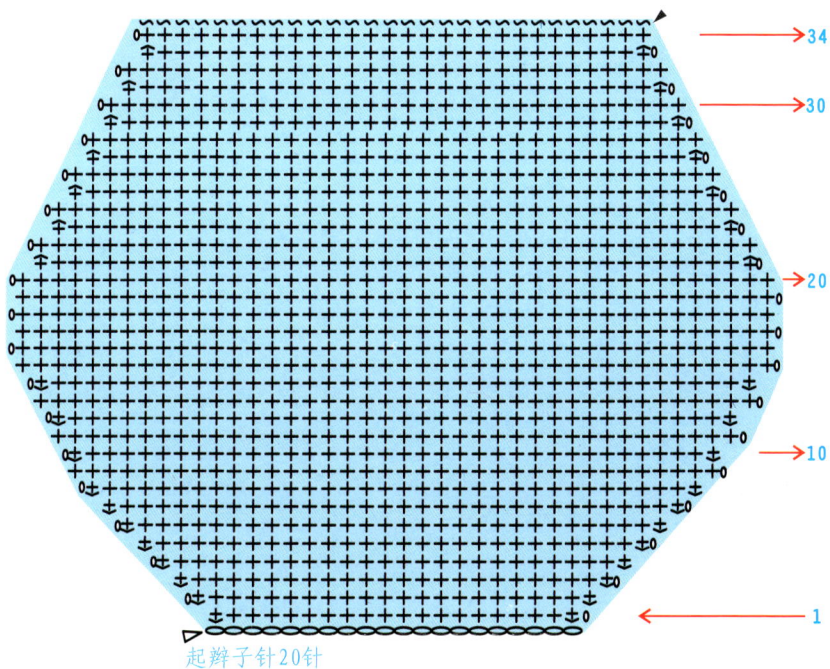

→ 34
→ 30
→ 20
→ 10
← 1

起辫子针20针

包带

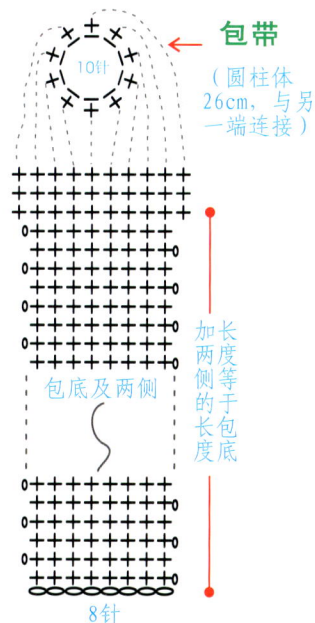

10针

（圆柱体 26cm，与另一端连接）

加两侧等于包底的长度

长度等于包底的长度

包底及两侧

8针

整包效果图

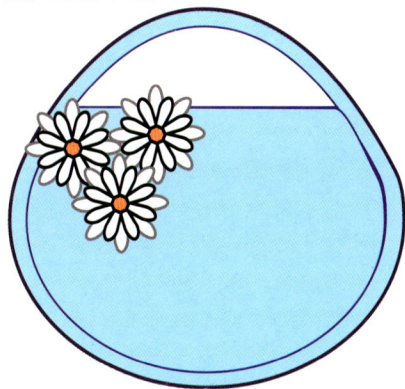

装饰花（3枚）

烂漫花开个性套包

烂漫花开中迎着朝阳，那是记忆中最精彩一瞬间！

【工具】

　3.5mm钩针

　毛线缝针

【材料】

　黄色线150g

　橙色线30g

　绿色线少许

【成品尺寸】

　宽28cm

　高19cm

　包带长80cm

【编织要点】

　1.边缘编织使长方形织片收拢成兜形;

　2.装饰花的缝合及安装。

烂漫花开个性套包

【制作方法】

　　手工制作的作品往往表现出个性独特并且朴素自然的特性。这是一款特别适合出游时使用的手提包，它网兜的设计可以容纳比较多的东西，也可以搭配各个场合使用。

　　首先需要编织的是包的主体，其实主体展开是一个长方形的织片。开始起55针辫子针，然后再编织长针和辫子针组成的组合花样，详细的花样可参见编织图，一共编织29行，这样长方形织片就完成了。

　　最后在编织好的长方形织片上编织由短针所组成的边缘花样，挑针的时候要注意间距，通过拉宽挑针的间距使长方形织片的四周收缩起来形成褶皱，当边缘花样编织完成以后，长方形织片就形成了一个网兜的形状，具体的挑针幅度可参见编织图。

　　包包上的装饰花一共有6朵，它们是这一款包包的亮点。每一朵装饰花都是由三部分组成的，黄色的小花瓣、橙色的大花瓣以及绿色的叶子，按照编织图将这三部分各编织出6枚，然后分别缝合成一朵一朵的，

钉在包包相应的位置上面。

　　包带的编织方法简单，但是很有特色，用黄色线织1行辫子针，再用橙色线织1行短针，全长80cm，共编织包带2根，织好后安装在包上。

　　一款漂亮的手提包就这样完成了，提着它去逛街、购物、约会都是很惬意的事。

针法符号说明	
十	短针
○	辫子针
╤	长针
╪	长长针
╱	开始
╲	结束

包体及包缘编织图

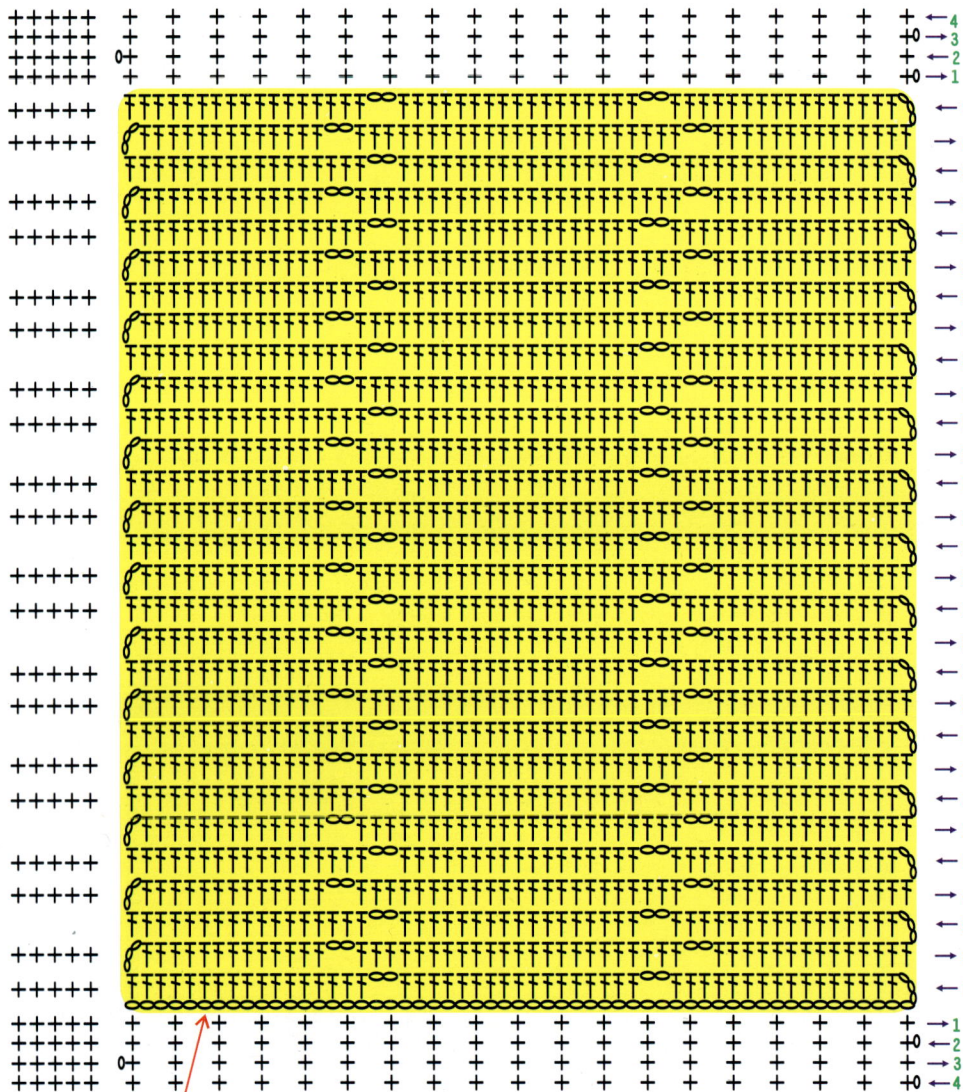

起头，辫子针55针

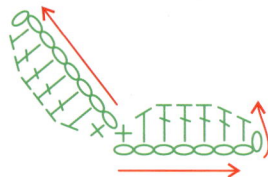

装饰花叶子（6枚）

装饰小花（6枚）

装饰大花（6枚）

包带（2根）

全长期80厘米

心连心魔力套包

手提袋和手机包
既可分也可合，大心
套小心，甜蜜又有趣。

【工具】

2.0mm钩针

毛线缝针

【材料】

淡紫色中粗线40g

黑色中粗线10g

【辅料】

木制纽扣7枚

心连心魔力套包

【成品尺寸】

包宽18cm

包深20cm

包带长23cm

【编织要点】

手绣心形装饰及纽扣的运用。

配色及缝合示意图

用毛线缝针手绣

针法符号说明

○	辫子针
+	短针
⊤	长针
⊻	反向短针

【制作方法】

从包底开始环形向上进行编织，底部是编织一圈长针，包身是编织由长针和辫子针的组合花样，两行1个花样，一共编织9次花样，包口边缘进行短针的编织，编织5行短针再编织1行反向短针。

包带需要编织2根，编织方法是1行长针，再围绕长针编织1圈短针。

编织完包体和包带以后，按照缝合示意图将2根包带安装在包口的方向，并以纽扣作为修饰。包包的正面用黑色中粗线手绣上心形的花样，心形的中央钉上3枚木制的纽扣，作用有两个，一是作装饰，另一用处是可以将一套的手机包背面扣在手提包上，形成两位一体。

手机包的制作方法与手提包的制作方法相同，只是需要自己根据手机的大小减少起针的针数，根据高度减少包身花样的次数，正面的心形绣花要按比例缩小。

包体编织图

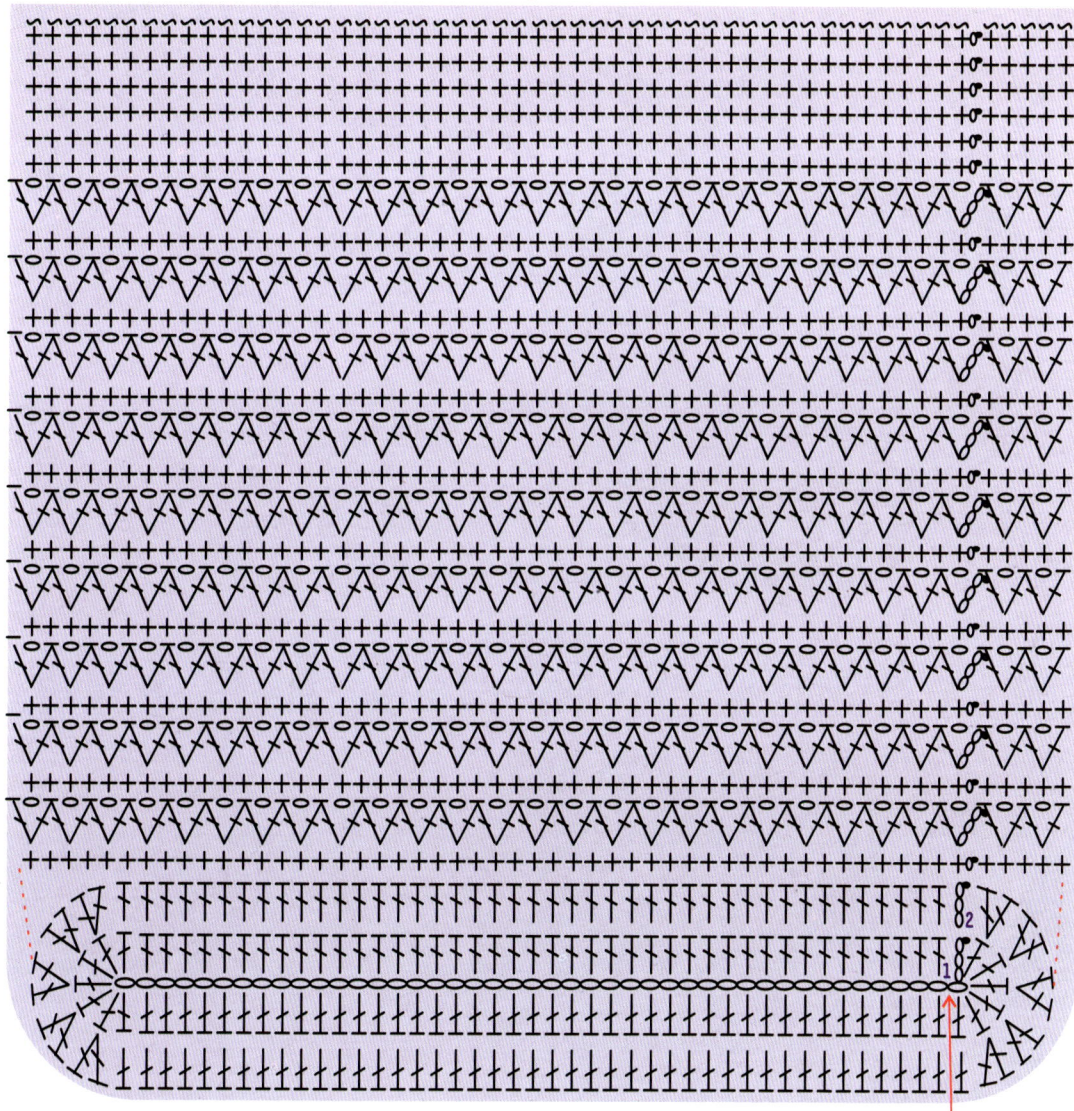

← 26
← 25
← 24
← 23
← 22
← 21
← 20
← 19
← 18
← 17
← 16
← 15
← 14
← 13
← 12
← 11
← 10
← 9
← 8
← 7
← 6
← 5
← 4
← 3

起40针

包带（2根）

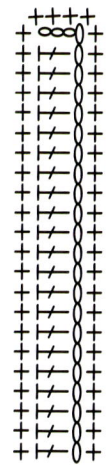

共起78针

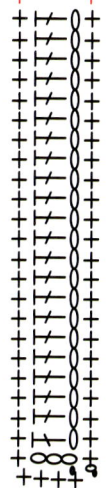

甜蜜的蕾丝手挽包

镂空的花样富有蕾丝的质感，配以大红色的蝴蝶结，成就一款完美的田园风情手挽包！

A

B

【工具】

3.5mm钩针

手缝针

【材料】

A：紫色线55g

B：白色线55g

【辅料】

格子蝴蝶结1只

格子蝴蝶结1只

甜蜜的蕾丝手挽包

【成品尺寸】

包底直径18cm

包深20cm

包带长26cm

【编织要点】

1.包底是由中心向四周扩展编织成圆形的织片，需要注意扩展的幅度；

2.环表编织循环向上，要注意每行接头的连接。

【制作方法】

这是一款休闲风格的包包，镂空的花样富有蕾丝的质感，也有类似草编包包的感觉，配以大红色格子蝴蝶结，使得包包的整体效果更体现出田园的风格。

包包的编织是由底部的中央开始编织的。包包的底部是一个由长针和短针组成的圆形，分次序按1行长针再1行短针进行编织，扩针的幅度和数量以及编织的行数可参见下一页的编织图。

包身的部分是由组合的镂空花样组成的。前两行是在1针内按次序钩出3针长针并为1针、辫子针1针、3针长针并为1针；第三行和第四行是1针长针再1针辫子针。这4行是一个完整的组合花样，反复编织3次。

包包的边缘是在前面的花样上，针数不再作增减地进行编织3行短针，最后再编织1行扇形的花样，扇形花样的编织方法可参见编织图和钩针符号说明。

最后就是包带的编织了。包带一共有2根，各长26cm，织好以后固定在相应位置。

全部完成后进行整理，可稍作熨烫，并将事先准备好的蝴蝶结缝在包上。

针法符号说明

○　　辫子针

十　　短针

Ｔ　　长针

Ⅴ　　组合针法，在1针内按序钩出3针长针并1针、辫子针1针、3针长针并1针

组合针法，在1针内分别锁5针长针，形状同扇形

包体编织图

28

25

20

15

共88针

10
9

共66针

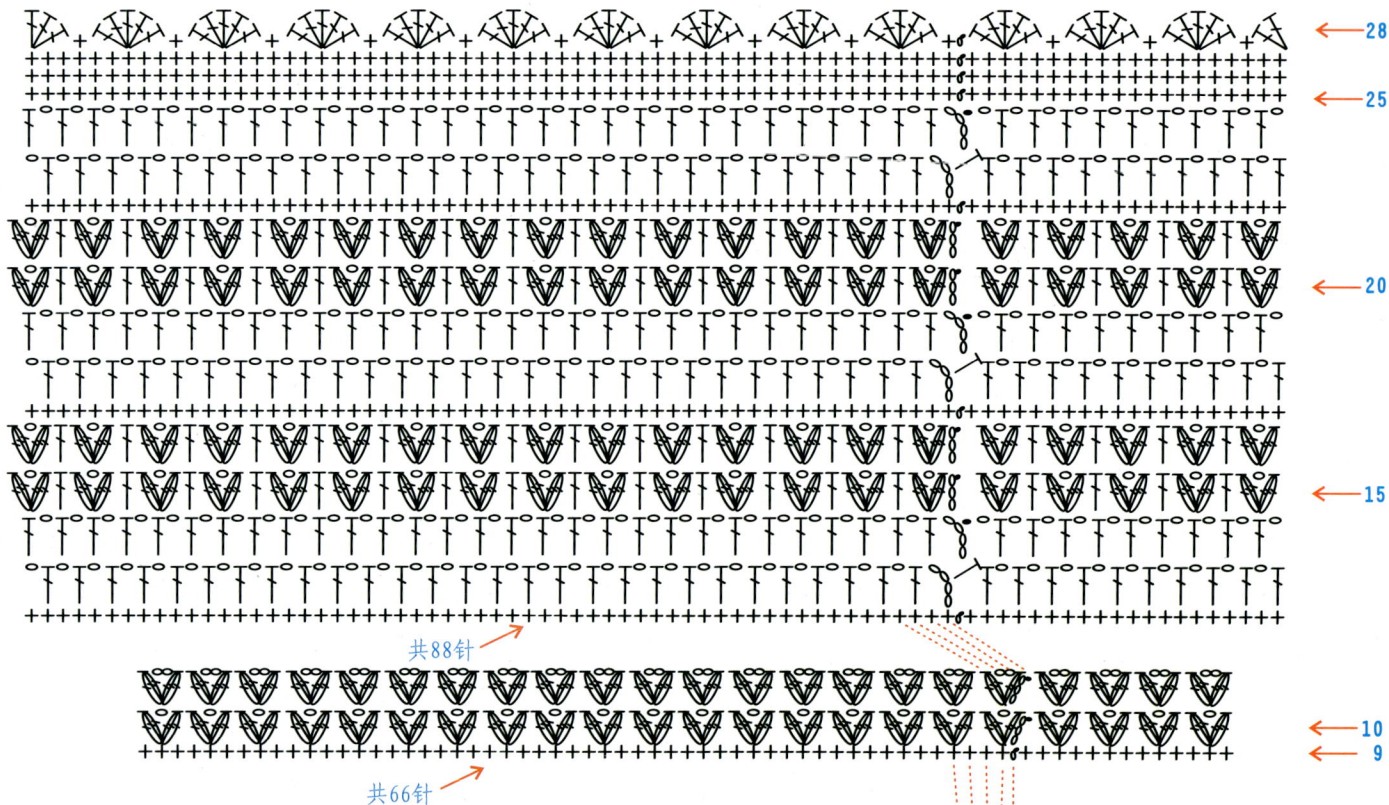

包带编织图（2根）

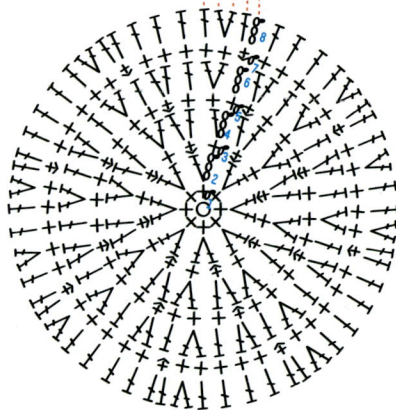

全长26cm

简单配色翻盖斜挎包

平整的包体配以流线弧形的
包盖，简洁的包体配以精致玲珑
的包盖，加上长长细细的包带，
处处散发着可爱的味道！

【工具】
2.0mm钩针
毛线缝针

【材料】
A: 白色线30g
   蓝色线10g
B: 玫红色线30g
   白色线10g

简单配色翻盖斜挎包

【成品尺寸】
包宽16cm
包深17cm
包盖深9cm

【编织要点】
1.包体是由底部1行辫子针挑起来进行环形向上编织而成；
2.包盖是半圆形单元花样。

【制作方法】

这是一款可爱风格的斜挎包，包体简洁平整，点缀的弧形翻盖的镂空包盖是这款包包的亮点，长长的包带使用起来很方便，款式也显得特别自然可爱。

首先进行编织的是包体，包体是一个长方形的袋子，编织由底部开始，先起辫子针52针，然后进行环形编织，编织的花样是隔2针在1针针眼内编织3针短针，一共编织40行（编织的高度可以根据自己的需要和喜好来调整编织的行数）。

包盖是个半圆形的织片，我们以前介绍过如何编织由中心向四周扩展的圆表，现在我们来学习编织这种花样的半个花样，原理跟编织完整的花样是相同的，只是每圈编织到一半的时候便停止翻转过来编织下一圈，具体的方法可以参见编织图。编织完半圆形花样以后在直边上挑起织1行长针，并在整个织片的边缘编织一圈狗牙拉针花样的花边，直边除外。

包带的编织方法和包包底的编织方法是相同的，包带的针数是335针。

最后用毛线缝针将这三个部分缝合在一起，这款可爱的斜挎包就完成了。

针法符号说明

○	辫子针
✛	短针
╤	长针
⋏	1针钩3针短针
✿	狗牙拉针
⋔	1针钩3针长针并1针

包体编织图

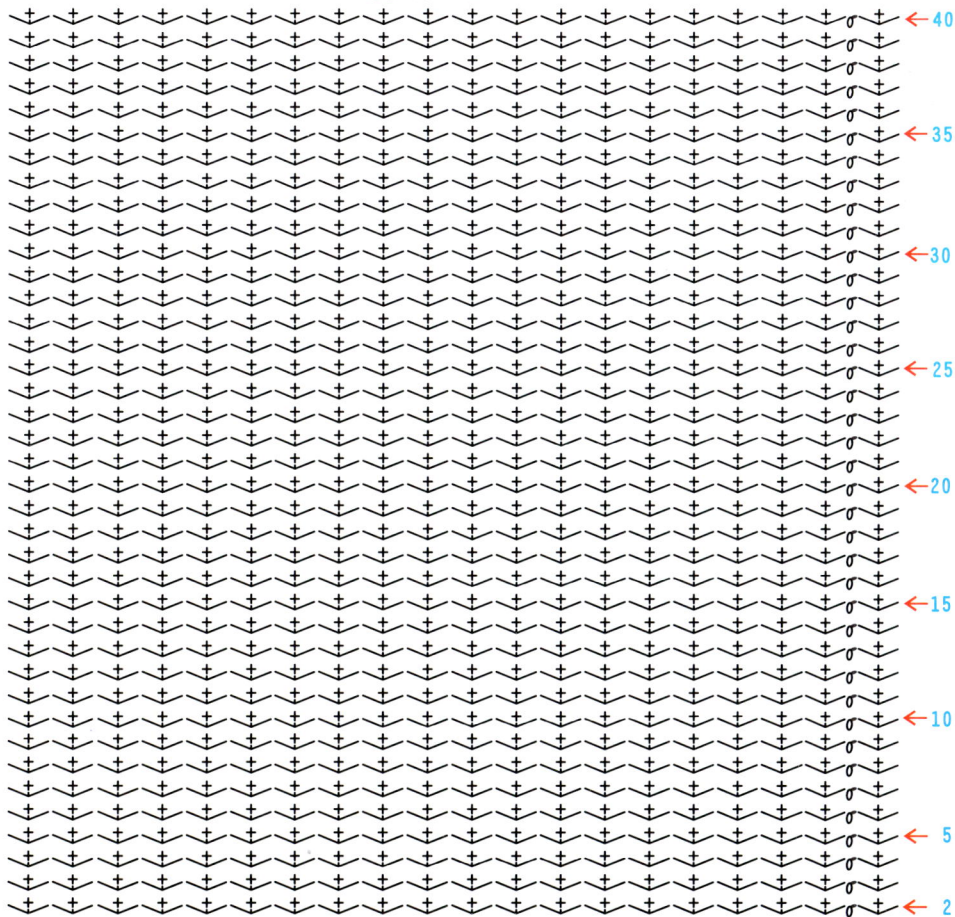

包盖编织图

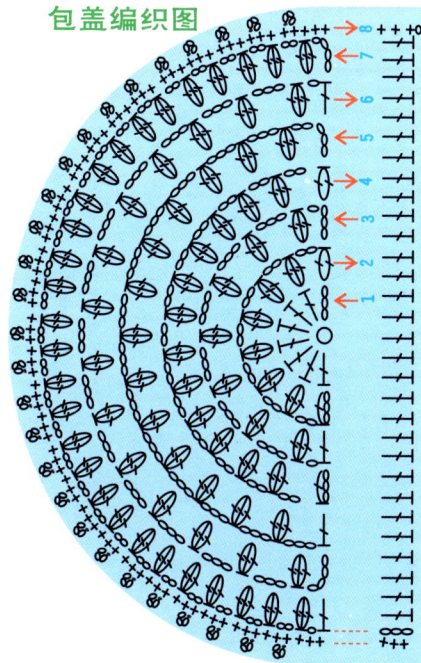

缝合示意图

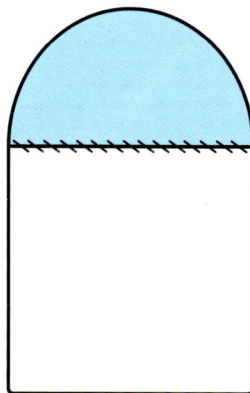

起52针

包带（1根）

共起335针

73

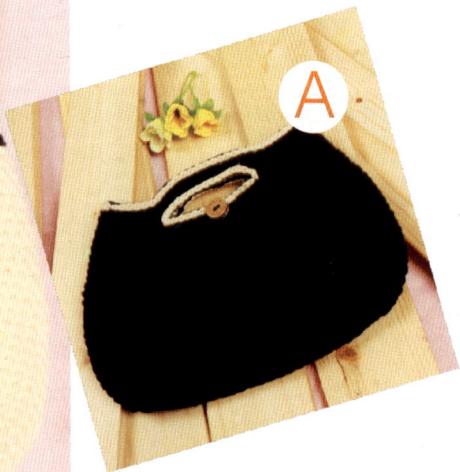

B

简洁镶边手提袋

简洁的针法，流畅的线条，朴素中可见精致，简洁不单调！

简洁镶边手提袋

【工具】

4.0mm钩针

手缝针

【材料】

A： 淡黄色粗线50g

黑色线各少许

B： 黑色粗线50g

淡黄色线各少许

【辅料】

纽扣

【成品尺寸】

包宽20cm

包深16cm

【编织要点】

　　1.全短针编织更要求编织技艺的娴熟，编织时要力度均匀织出来的才会平整；

　　2.提手部位的弧表加针要圆润，织出的提手才漂亮。

【制作方法】

　　从编织使用的针法上来讲，这一款包包的针法很简单，基本上只有短针及短针的变化针，但是通过短针加针和减针，使织物的形状形成立体的变化，编织出来的包体很漂亮，有非常美丽的线条。

　　在编织的时候需要注意的有两点：一是包底的部分，包底呈弧形向四周扩展，编织图中标有详细的扩展时编织针数的细节；二是包包上面的提手部分，开口的地方也同样通过加针和收针来呈现出自然的圆弧形，圆弧整体的线条要表现得自然流畅。

　　最后一步是在提手部分和包的边缘部分，用另一种颜色的线编织出引拨针1行，编织完成以后的效果就好像是镶边一样，朴素大方。

配色示意图

针法符号说明

○	辫子针
●	引拨针
＋	短针
↓	短针1针放2针，夹角方向为1针
↑	短针2针并1针，夹角方向为1针
↓	短针1针放3针，夹角方向为1针

编织针法图

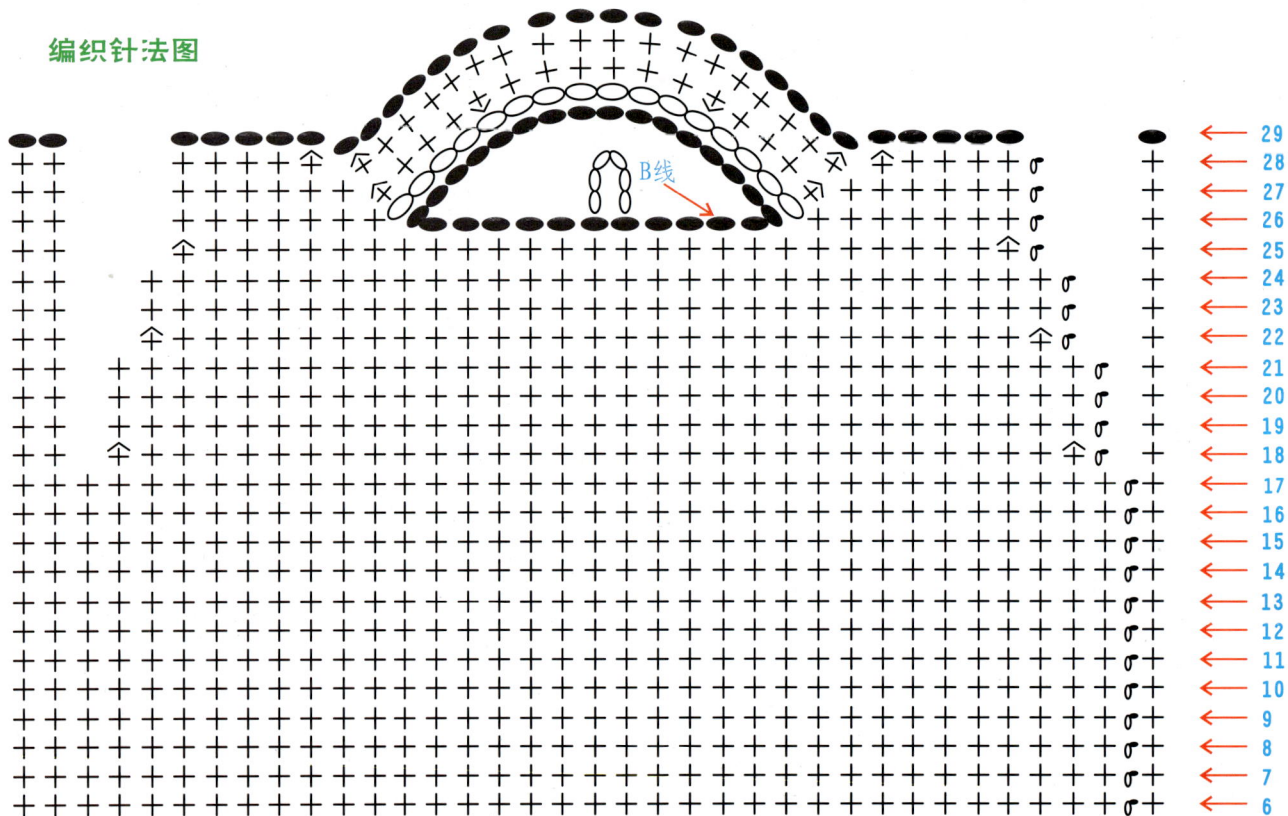

B线

B线

29
28
27
26
25
24
23
22
21
20
19
18
17
16
15
14
13
12
11
10
9
8
7
6

B线

A线

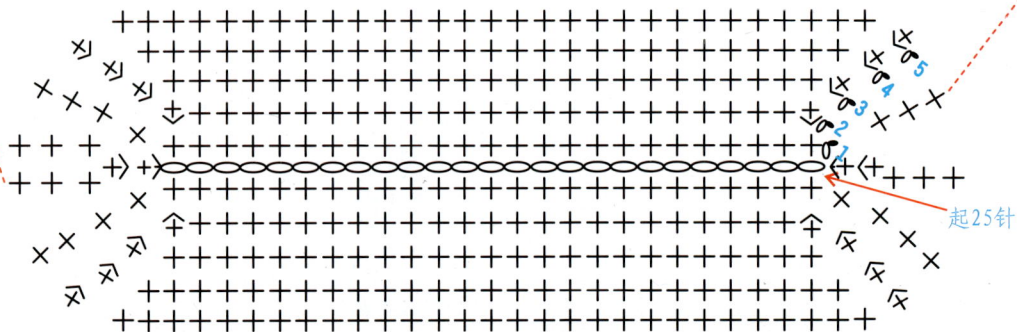

起25针

朴素的绞花,
简洁的包型,诠释
最自然的风格。

【成品尺寸】

包宽18cm

包深21cm（含包带）

【材料】

天蓝色粗线60g

【辅料】

2cm直径木纽扣4枚

派对绞花手提包

【编织要点】

　　1.包包的整体形状是一个竖形的长方形，是将织片对折后缝合两侧边而成的；

　　2.包包上面编织的对称装饰的绞花花样，是棒针编织技法里常用的花样技法，可灵活运用。

【制作方法】

　　这个款式的包包是使用棒针编织技法来编织的，其中所使用的针法包括了平针、双罗纹针、绞花针等花样，包包的整体呈方形，开口上方安装两条包带。

　　首先在针上起针56针，编织双罗纹花样，双罗纹花样就是两针上针两针下针的花样，共编织14行，再接着编织平针，在平针的中间要嵌入4个绞花花样，分为两个为一组，分别分布在左、右两边，每编织5行进行绞花一次，一共编织82行，16组花样。编织完成以后，又开始恢复编织双罗纹花样，编织14行以后，然后收针，结束包体织的编织。

　　最后的步骤就是缝合织片。将主体织片呈正面相对进行对折，然后用毛线缝针穿同色的线对两个侧边进行缝合，需要注意的是开始和收尾时的固定，并藏好线头。两条包带分别缝合在正、反两面，交合的部

位要缝上1枚木纽扣作装饰，包带安装完成共需要缝4枚木纽扣。

针法符号说明

⊟	上针
⊡	下针
▩	绞花针。左边2针从上面与右边2针交换

包身编织图

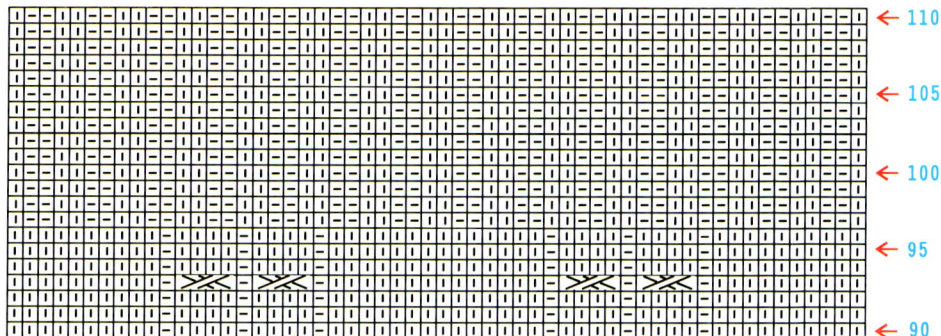

← 110
← 105
← 100
← 95
← 90

37行——89行

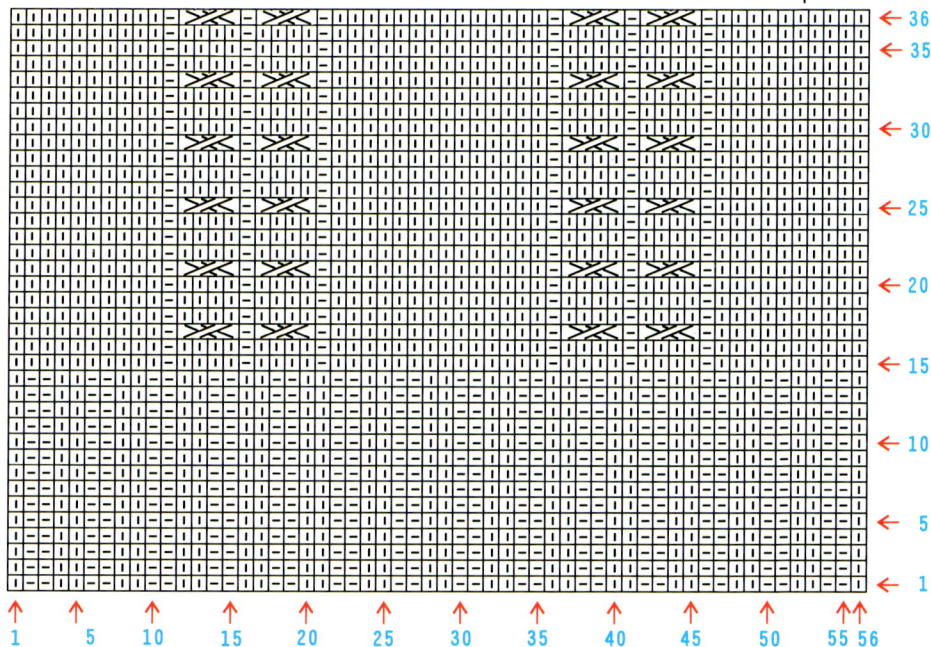

← 36
← 35
← 30
← 25
← 20
← 15
← 10
← 5
← 1

↑ 1　↑ 5　↑ 10　↑ 15　↑ 20　↑ 25　↑ 30　↑ 35　↑ 40　↑ 45　↑ 50　↑ 55 56

包带编织图（2根）

起针8针，全长28cm

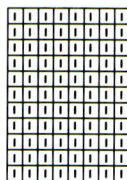

缝合示意图

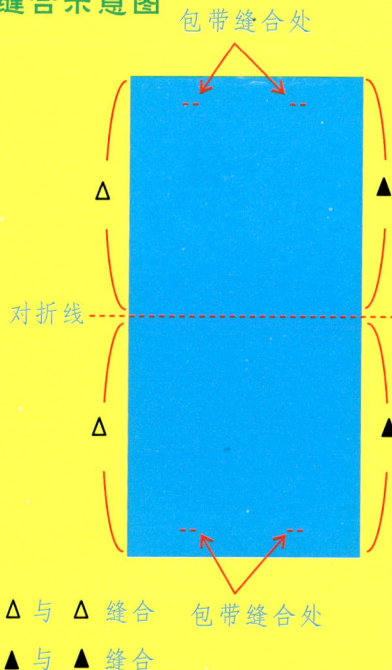

包带缝合处

对折线

△

▲

△

▲

包带缝合处

△ 与 △ 缝合

▲ 与 ▲ 缝合

活泼的珍珠网兜

零星地点缀在网眼上
的小珍珠，好似天空中闪
烁的星星，又好似夏夜美
丽的荧光……

活泼的珍珠网兜

【工具】

2.0mm钩针

毛线缝针

【材料】

A: 玫红色线55g
   3mm仿珍珠35颗
B: 黑色色线55g
   3mm仿珍珠35颗

【成品尺寸】

宽25cm
高27cm（含包带）

【编织要点】

1.包身的鱼网眼针中按规律编织扇形针法；
2.包带由包身分为4份收拢延长组成；
3.在扇形针法和装饰花中心用仿珍珠点缀作为装饰。

【制作方法】

　　包底用长针从中心起向四周扩展编织的圆形，第五行之后开始编织点缀扇形的网眼针，一共编织17行，然后平均分成4份分别向上编织，两边收拢后反复编织长针，编织到需要的长度以后结束编织，并将相邻的2根在顶端缝合成2根提带，将装饰花缝制在其中1根提带与包身相连的地方。最后一步用手缝针将事先准备好的仿珍珠缝制在扇形花样的底端。

针法符号说明

○ 辫子针

＋ 短针

† 长针

组合针法：在1针内分别锁5针长针，形状
同扇形

装饰花编织图

包底部编织图

包身（8-25行）
沿此钩起

包身编织图

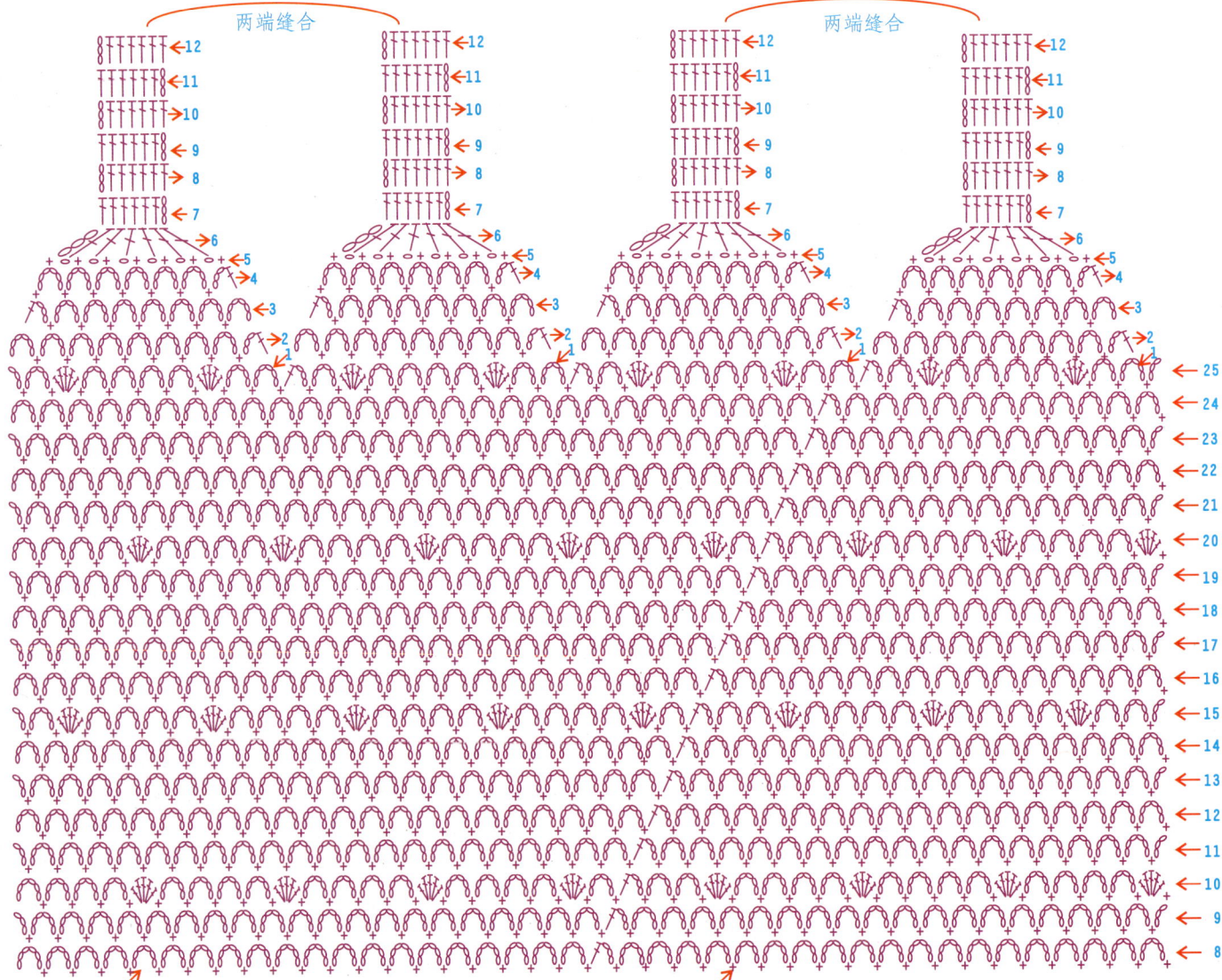

两端缝合

两端缝合

整个圆周共40个花样

由圆形底部钩起，环形编织

翻盖镶边手包

A

B

【工具】

2.0mm钩针

毛线缝针

【材料】

A：淡黄色线30g

B：淡蓝色线30g

【成品尺寸】

宽20cm

深10cm

盖长9cm

翻盖镶边手包

【编织要点】

1.编织的顺序是由包底向上编织包身，最后再完成包盖的部分；

2.装饰的小花在完成主体的编织以后用毛线缝针按相应位置缝在包盖上。

装饰花缝合效果图

【制作方法】

这是一款长款的翻盖手包，形态简洁优雅，气质高贵，亮点是包盖上面点缀的朵朵小花，细节的搭配使得包包瞬间灵动起来。

首先要编织的是手包的包底，包底是一个由长针编织的长方形。开始起辫子针31针，编织的长针行数是4行，从第五行开始进行包身的编织，第五行继续编织长针，围绕包底的四周挑起来进行编织，两个长边挑起的是31针，两侧各8针。

从第六行开始编织花样。2行一次组合花样，组合花样是由长针、辫子针组成的，具体针法可参见编织图，包身共编织3次组合花样。最后再编织1行短针，包身的编织便完成了。包盖的花样与包身的花样是相同的，从包身的一个长边挑起编织，在最后两行的两端进行收针处理，使包盖的边缘呈圆弧形，再在边缘编织1行花边。

按编织图的方法编织出7朵5瓣的小花，每1朵编织完成后都留下10cm左右的尾线，这是便于将这些小花用毛线缝针缝在包盖上。

为了方便，可以在小花的后面缝上纽扣，从里面扣在包身上，既不影响美观，使用起来也很安全方便。

针法符号说明

○	辫子针
+	短针
┼	长针

主体编织图

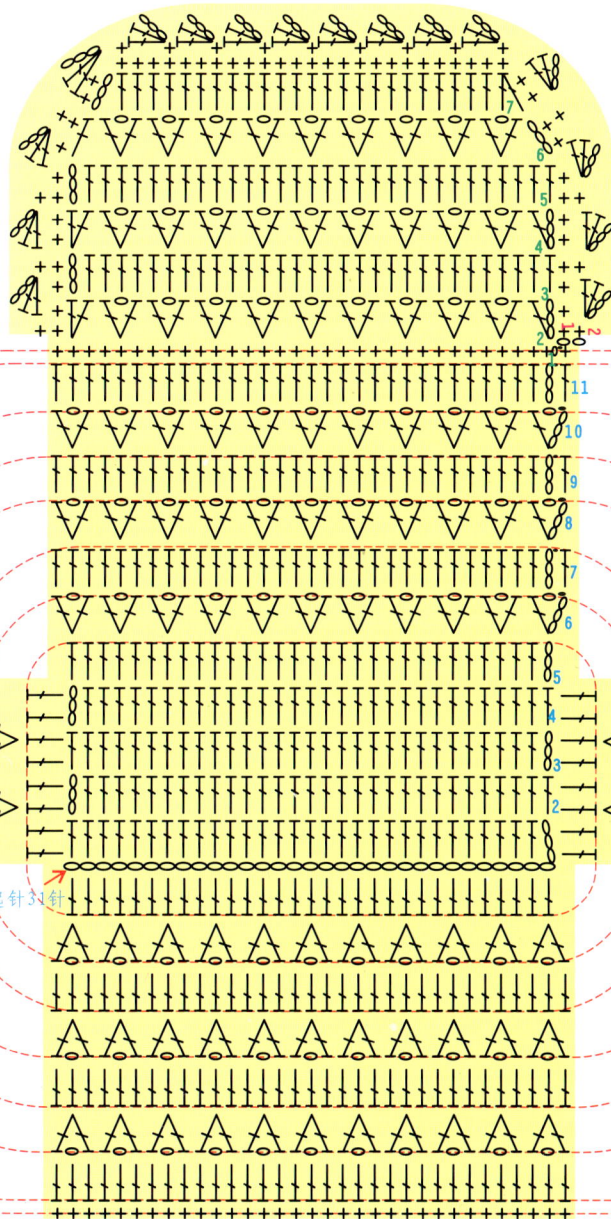

装饰花编织图（7枚）

包盖部分

包身部分

起针30针

花瓣似的边缘，
凸显提包的柔美。
翩翩欲飞的蝴蝶，
倍增活力！

【工具】

2.0mm钩针
手缝针

【材料】

藕色线50g

【辅料】

木制手挽1个
4cm宽棉质花边30cm

【成品尺寸】

包底宽25cm
包深19cm
包口宽14cm

【编织要点】

1.编织从包的底部开始，底部只是在辫子针上环绕编织的一行短针；

2.包口的收缩使包包的整体形状变得线条优美，增添包包的柔和感。

【制作方法】

这款包包用收缩包口和编织花瓣形包口边缘来凸显包包的柔美感，搭配以棉质宽蕾丝花边制作的蝴蝶结，更增添了女性婉约秀丽的风情。

编织过程是：首先起辫子针40针，再围绕这排辫子针编织短针1圈，两端的1针分别各编织3针短针。

然后开始向上编织包身的花样，从此行一直编织到包口针数都没有增减，花样也只有一种组合针法，这种组合针法的编织方法是：在一针内按序分别编织长针2针，辫子针1针，长针2针，每一行编织此花样32组，包身一共编织12行这样花样。

织完包身，接着要进行的是包口的收缩编织，收缩的方法是：在每个花样上编织3针短针，这一行共需要编织96针短针。

接下来一行的花样是：按次序分别编织1针辫子针

1针长针。然后再编织4行短针，边缘编织的是扇形花瓣的花样1行，所有步骤便完成了。

最后将手挽和蝴蝶结安装在包包相应的位置上并整理好包包的细节。

针法符号说明

符号	说明
○	辫子针
+	短针
Ŧ	长针
组合针法。在1针内按序分别钩长针2针，辫子针1针，长针2针
组合针法。在1针内分别锁5针长针，形状同扇形

包身编织图

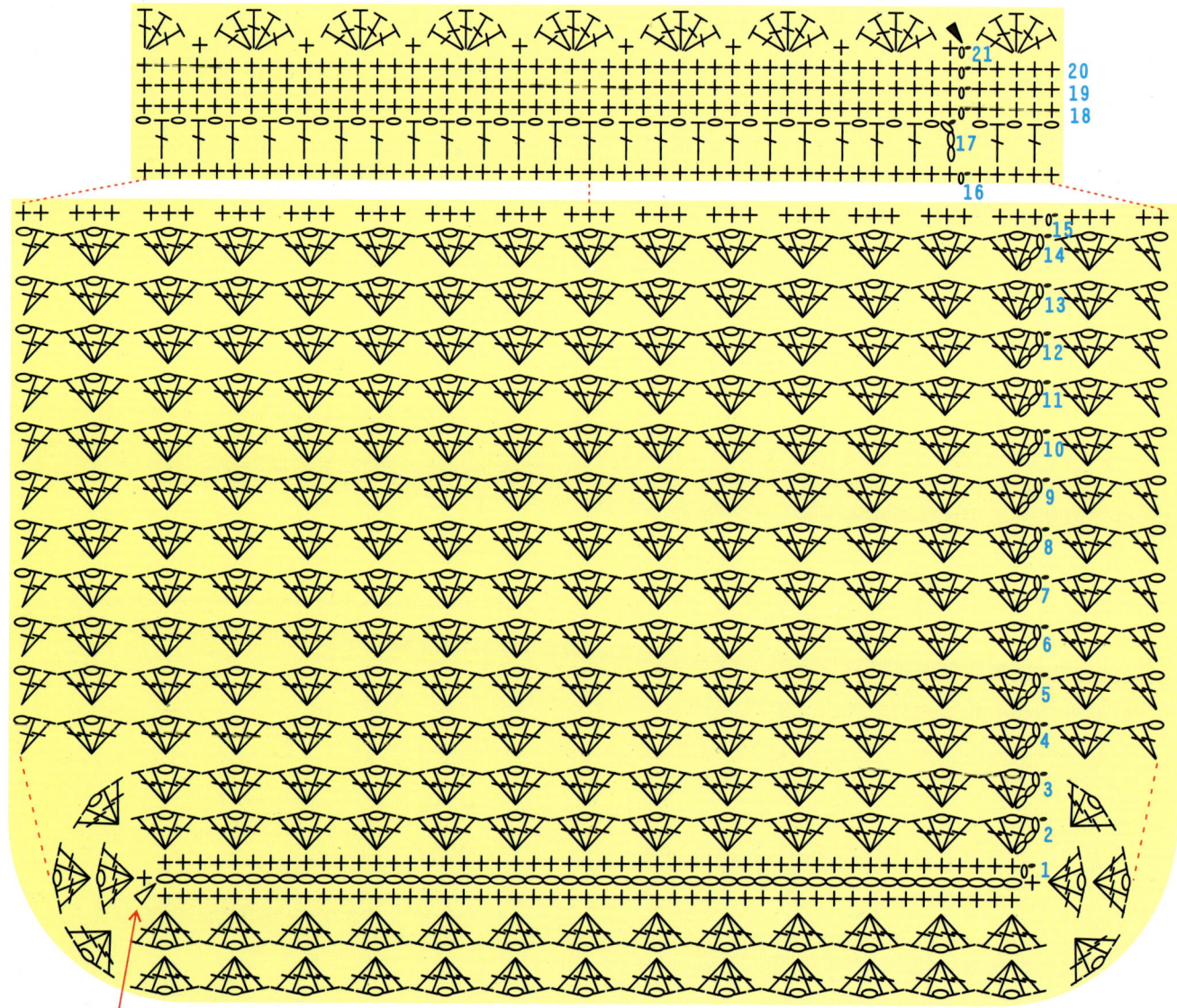

起辫子针49针

88

简单的花样，点缀珍珠蝴蝶结，活泼可爱！

抢眼的黄色手提大包

抢眼的黄色手提大包

【制作方法】

　　这是一款使用棒针编织的手提包，包体下方的两角通过添针的方法使其成为圆弧形，包体的上半部分编织出镂空的花样。

　　手提包的包体是由两片完全相同的织片缝合而成的。包体的编织从下方织起。首先起29针，编织的时候，每行的两端各添加1针，添到合适的程度（具体次数见编织图）不再添针，继续编织平针，用钩针挑起织2行短针，再编织1行花边。

　　包体需要的两片相同的织片编织完以后，就用毛线缝针将这两片织片缝合起来，缝合的时候把织片正面相对。缝合完毕以后，再将织好的两条包带固定在包体上面相应的位置。

　　编织完成后，还有最后一步就是将装饰的蝴蝶固定在包包上，这款包包就全部完成了。

安装示意图

包带编织图(2根)

起针8针，全长28厘米

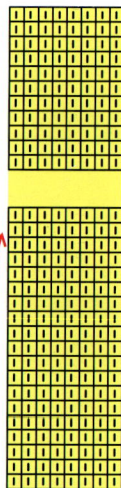

针法符号说明

符号	名称
□	上针
		下针
⊚	空针

包体编织图（2片）

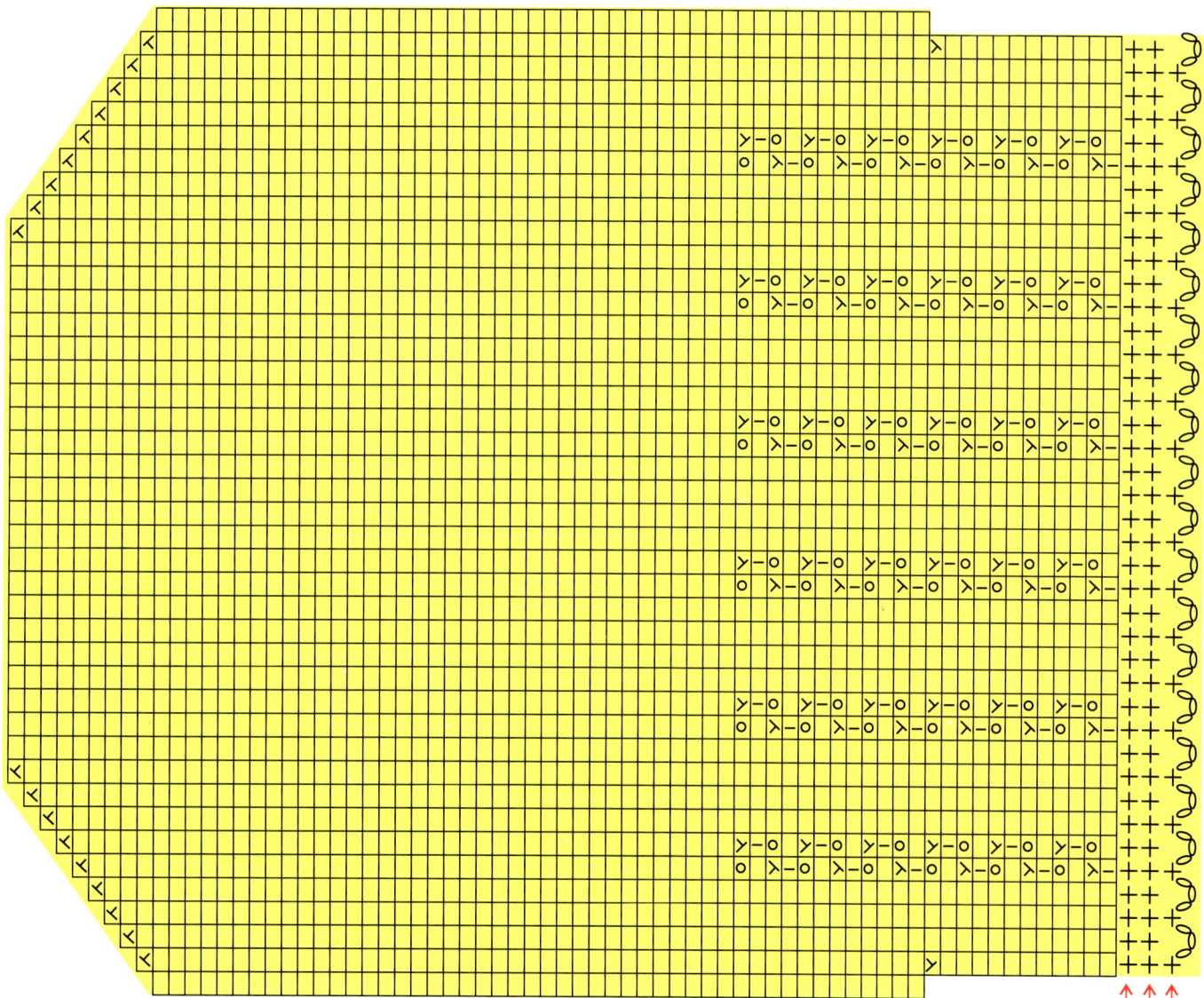

起29针

1 5 10 15 20 25 30 35 40 45 50 55 60 65 69

1 2 3

可爱的条纹大口金包

清新淡雅，又动感

十足！

【工具】

2.0mm钩针
毛线缝针

【材料】

白色中粗线15g
蓝色中粗线15g
灰色中粗线15g

【辅料】

仿珍珠纽扣1枚
18cm口金一个

【成品尺寸】

包宽21cm
包深18cm

【编织要点】

安装口金部分的收针

可爱的条纹大口金包

【制作方法】

通过三种颜色互相搭配后编织出条纹的效果，以白色为主，清新简洁，大方时尚。

编织从包体的询问开始，首先起53针辫子针，然后在这行辫子针上环形编织长针使其成为长椭圆形，向上是辫子针和长针的组合针法，这种组合针法编织13行。编织完以后，将环形分成两部分，每一部分分别编织，并在两端适量收针，通过这种方法使上面的部分呈梯形，目的是方便安装口金。

编织完以后用毛线缝针将包体固定在事先准备好的口金上。按照编织图编织装饰花，固定在包体相应的位置上，并钉好仿珍珠纽扣作装饰。

针法符号说明

○	辫子针
＋	短针
Ｔ	长针
	组合针法。在1针内分别锁5针长针，形状同扇形

手机链带编织图

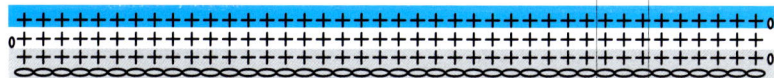

对折缝合两端　　　　起40针

装饰花编织图

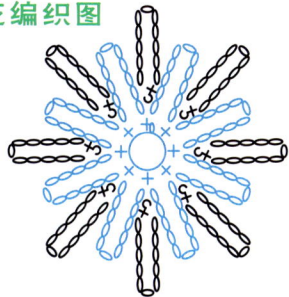

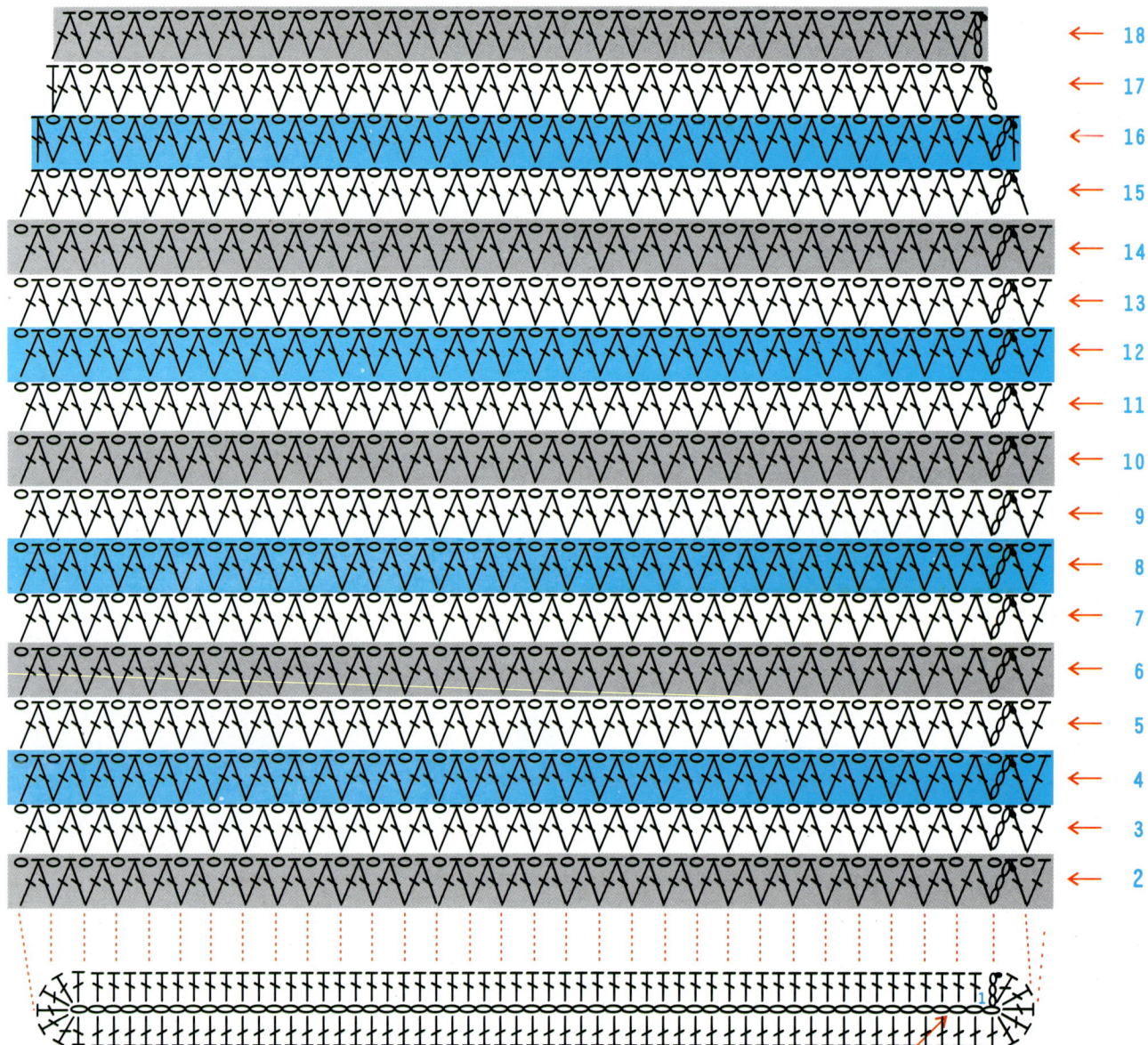

包体编织图

← 18
← 17
← 16
← 15
← 14
← 13
← 12
← 11
← 10
← 9
← 8
← 7
← 6
← 5
← 4
← 3
← 2

起53针

时尚又不失内敛，是成熟女性诠释个性的首选！

别有风情的纹路，

A

B

新时尚圆形手挽包

【工具】

4.0mm钩针
毛线缝针

【材料】

A：淡紫色线25g
B：深紫色线25g

【辅料】

35cm长金属链1条

【成品尺寸】

直径15cm
开口处11cm

【编织要点】

1.包体是由两片完全相同的圆形单元花缝合拼制而成的；

2.包包边缘的缝合是否平整直接影响到包的外观，所以线迹的平整很重要；

3.包链安装的位置要合适。

【制作方法】

这是一款很有特色的圆形钩花手挽包，它的结构也非常简单，而钩花花形的纹路却显得别有风情。波西米亚风，在时尚中又不失内敛，是较为个性的成熟女性的最佳选择。

从编织技法上讲，核心内容就是圆形单元花的编织，它是一片由中央向四周扩展的圆形单元花样。首先，将线在手指上绕线起针，起8针短针；第二圈在前行每针短针编织3针长针并锁为1针，每个这种花样针的中间间隔3针辫子针；第三行在前行每3针辫子针上编织2针长针并锁为1针，3针辫子针、1针长针、再3针辫子针。然后再接着编织2针长针并锁为1针；第四行和第五行都是编织1圈短针；第六行的花样是分别编织4针长针并且锁为1针，3针辫子针、1针长针、再钩3针辫子针，以此循环，这一行一共编织10个花样。第七行和第八行都编织的是短针花样，但是在针数上有所变化，具体可参见编织图解。

用上面讲述的方法再编织另一片织片，编织完毕后进行缝合。缝合的时候，把两片织片正面相对且对应整齐，对准针眼用毛线缝针进行缝合，用同色线，力度的松紧要适中，太松或者太紧都可能使包体变形，缝合时要留下合适的开口，在缝合线迹的两端要作好防脱的处理，以免线头滑脱。

最后来安装用作手提的金属链，将金属链的两端固定在预留开口的两边，离开口处大约1cm的位置，固定要牢固。

针法符号说明

符号	名称	说明
○	辫子针	
✛	短针	
┬	长针	
⟨⟩	组合针法	在1针内按序分别钩长针2针，辫子针1针，长针2针

袋身编织图

袋口部分

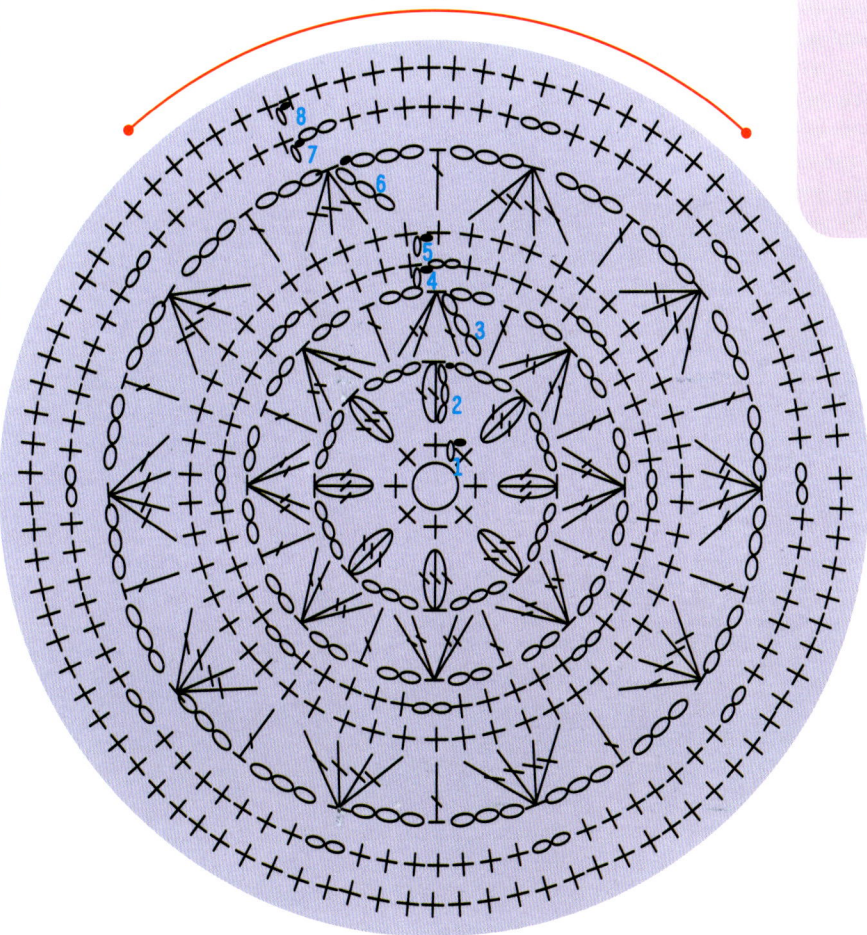

针法符号说明

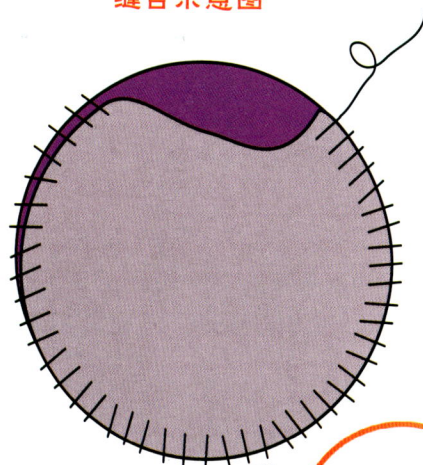

○	辫子针
+	短针
⊤	长针
⊕	1针钩3针长针并1针
	从4针里分别钩1针长针
	后并为1针

缝合示意图

97

款式新颖大方，
配带更加自然协调！

浪漫大褶皱手提袋

A

B

【工具】

8号棒针
2.0mm钩针
毛线缝针

【材料】

A：蓝色线60g
　　白色线各少许
B：红色线60g
　　白色线各少许

浪漫大褶皱手提袋

【辅料】

金属手挽2个

【成品尺寸】

宽23cm
深27cm

【编织要点】

1. 棒针编织包体，织完后缝合；
2. 钩制装饰花缝制在包体上。

制作方法

　　这是一款钩织相结合制作的手挽包，用棒针编织的方法编织包包主体，用钩针编织的方法编织装饰小花，两种方法互相结合。

　　包包的主体编织针法非常简单，包身的部分是编织3行上针，再3行下针，一共编织5次花样。在接近包口安装手挽的地方编织22行单罗纹花样，编织的1/2部分翻转缝合。

　　包体的两片主体编织完毕以后，用毛线缝针进行包体的缝合，缝合的时候只缝合底边和两侧不是单罗纹花样的位置，且织片正面相对，缝合完毕后翻转成正面。

　　棒针编织这种花样后的成品会显得有一些收缩，可用熨斗轻度地熨烫。

　　安装好金属手挽后，将编织好的装饰花钉在包体正面的右上角，便全部完成了。

缝合示意图

23cm | 23cm

23cm | 23cm

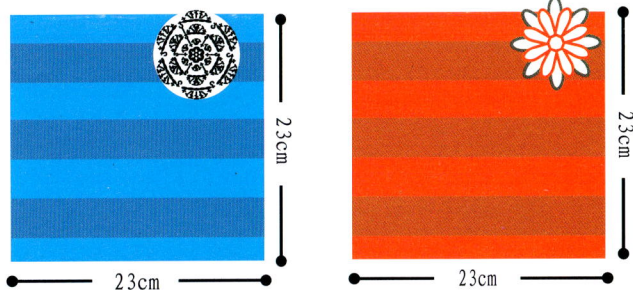

钩针符号说明	棒针符号说明
o　辫子针	〇 上针
+　短针	Ｉ 下针
〒　长针	

包体编织图（2片）

此边向内折后与 ----- 部分缝合

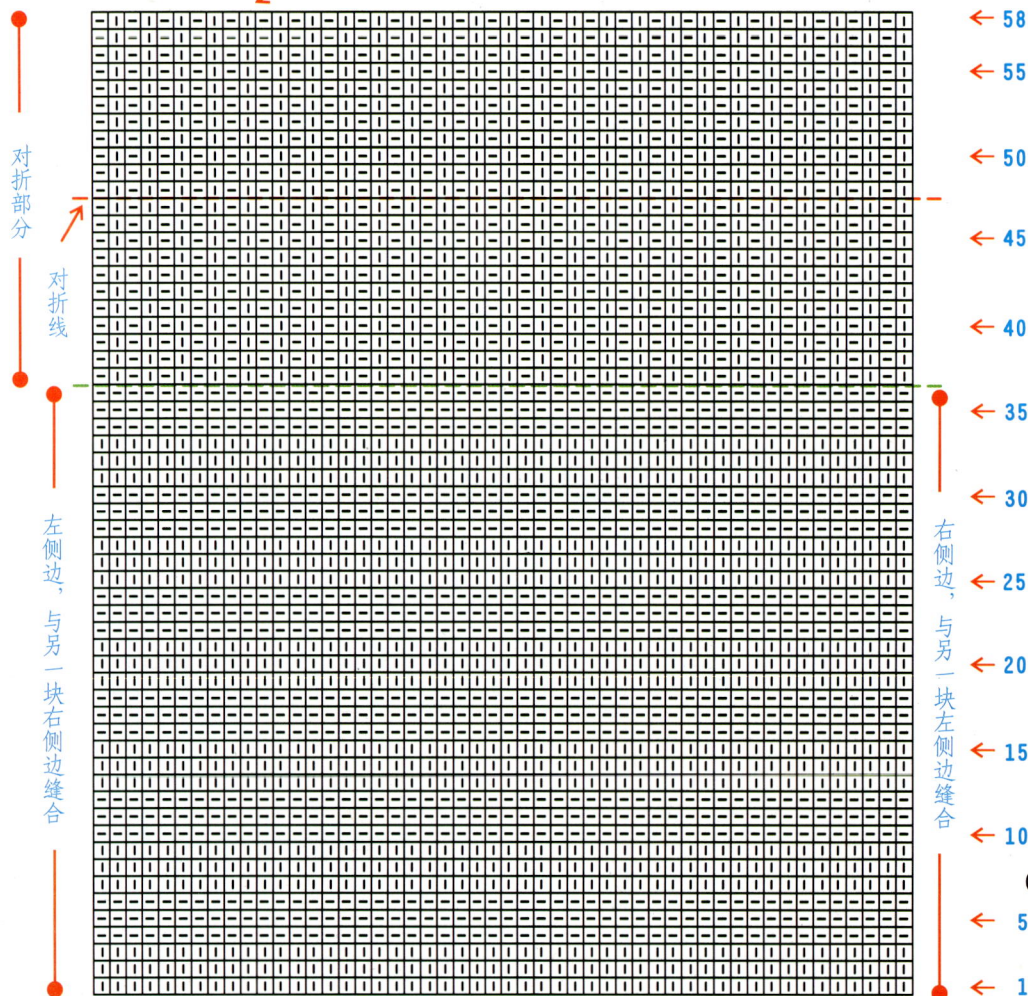

← 58
← 55
← 50
← 45
← 40
← 35
← 30
← 25
← 20
← 15
← 10
← 5
← 1

对折部分

对折线

左侧边，与另一块右侧边缝合

右侧边，与另一块左侧边缝合

包底边，与底边缝合

↑ 1　↑ 5　↑ 10　↑ 15　↑ 20　↑ 25　↑ 30　↑ 35　↑ 40　↑ 45　↑ 50

装饰花（1朵）

装饰花（1朵）

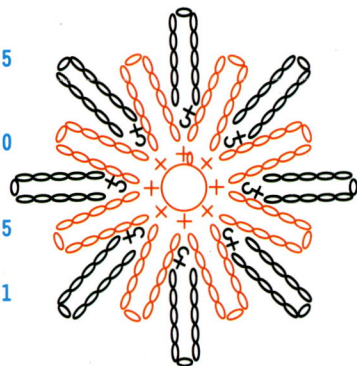

顽皮的凯蒂组合

大红的底色，经典的凯蒂形象，永远时尚的卡通风！

【工具】

4.0mm钩针
手缝针
布用胶水

【材料】

红色线80g
白色线10g
黑色毛线10g

【辅料】

黑色、橙色不织布各少许

【成品尺寸】

宽18cm
高21cm

【编织要点】

平整的贴绣卡通形象。

顽皮的凯蒂组合

【制作方法】

　　背包是一款竖形深桶式的斜挎包，选用大红色的基础色搭配以白色的卡通形象凯蒂，不但色彩亮丽而且十分可爱。

　　这款包包的编织也是从其包底部开始的，它的底部是一个长的椭圆形。编织开始起辫子针20针，然后在这行辫子针上进行环形的短针编织，在辫子针的两端按比例加放针，具体加针位置和加针的针数可参见编织图。编织到第四行以后，再编织2行短针，针数不作增减。

　　短针编织完毕以后，就开始包身的编织，包身使用的是扇形的花样，编织的方法是按序织出1针短针、隔2针后的针眼内钩5针长针、再隔2针锁1针短针固定，反复此花样，1行共编织11个扇形花样。在第二行继续编织这个花样，只是需要与上一行的花样错位编织就可以了。扇形花样一共要编织16行。

　　编织完身以后就进行包包的边缘编织，边缘部分针数没有变化，一共要编织5行短针，最后编织1行反向短针，

主体编织全部结束。

　　贴绣的卡通画是钩好以后再用毛线缝针缝制在包体上，缝制的时候要注意位置是否合适，上下高低是否摆正，边缘也要看一下，以免缝好以后发现错误。眼睛和嘴巴是用不织布来制作的，用布用胶水粘上去，如果没有胶水，可以用手缝针缝在上面。凯蒂的胡须是用黑色的毛线绣上去的，左、右各3根。

　　最后缝上包带，这一款包包就全部完成了。手机包见下图。

针法符号说明

○	辫子针
+	短针
┬	长针
（扇形符号）	组合针法。在1针内分别锁5针长针，形状同扇形

包体编织图

缝合示意图

凯蒂（包）编织图

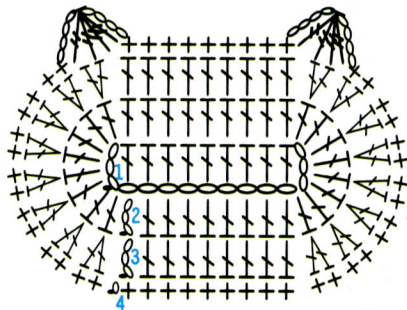

凯蒂（手机包）编织图

眼睛（2片）

嘴巴（1片）

起针20针辫子针

提高篇

锐意创新，充分展现动
手者的个性！

国色天香的牡丹,带给您雍容与华贵!

富贵的牡丹手提包

【工具】

2.0mm钩针
4.0mm钩针

【材料】

A: 橙色粗线30g
黄色粗线25g
米色粗线25g
黑色粗线25g
B: 玫红色中粗线50g

【辅料】

15cm拉链1条
金属链1条
8.5cm口金1个

【成品尺寸】

A: 直径15cm
B: 直径8.5cm

【编织要点】

注意每一层花瓣的连接位置。

【制作方法】

这是一款十分有特色、女性韵味十足的手提包，包面设计为一朵怒放的花朵，通过不同颜色的搭配显示出花瓣那种层层叠叠的起伏，在视觉上也给人很好的享受，整款包包所体现出来的是现代女性所特有的自立自信的张扬个性和独特魅力。

包包是由相同的正、反两部分组成的。编织是从圆形的中心开始的，用环形起针的方式开始起针，每编织2行短针，便在外圈的短针上织1圈引拔针，作用是在引拔针上编织花瓣花样，而在短针的针眼上继续编织下一轮的短针。像这样的花样一共需要编织6轮，就是说一共有6层花瓣，这6层花瓣在编织的时候使用了不同颜色的线，巧妙搭配色彩，使花瓣展开更加活力十足。

同样的织片一共需要编织2片，用于正、反两面。编织完以后缝合起来，缝合的时候留15cm作为包包的开口处，安装事先准备好的拉链。最后，装上金属链作为包包的提手，所有步骤便完成了。

口金包的制作方法与手提包是完全相同的，只是用的钩针型号小些，线材细一些，颜色选用了单色，开口处安装了口金，这样因细节的不同而别有一番风情了。

针法符号说明

○	辫子针
+	短针
⊤	长针
⋎	长针1针放两针

包体编织图（2片）

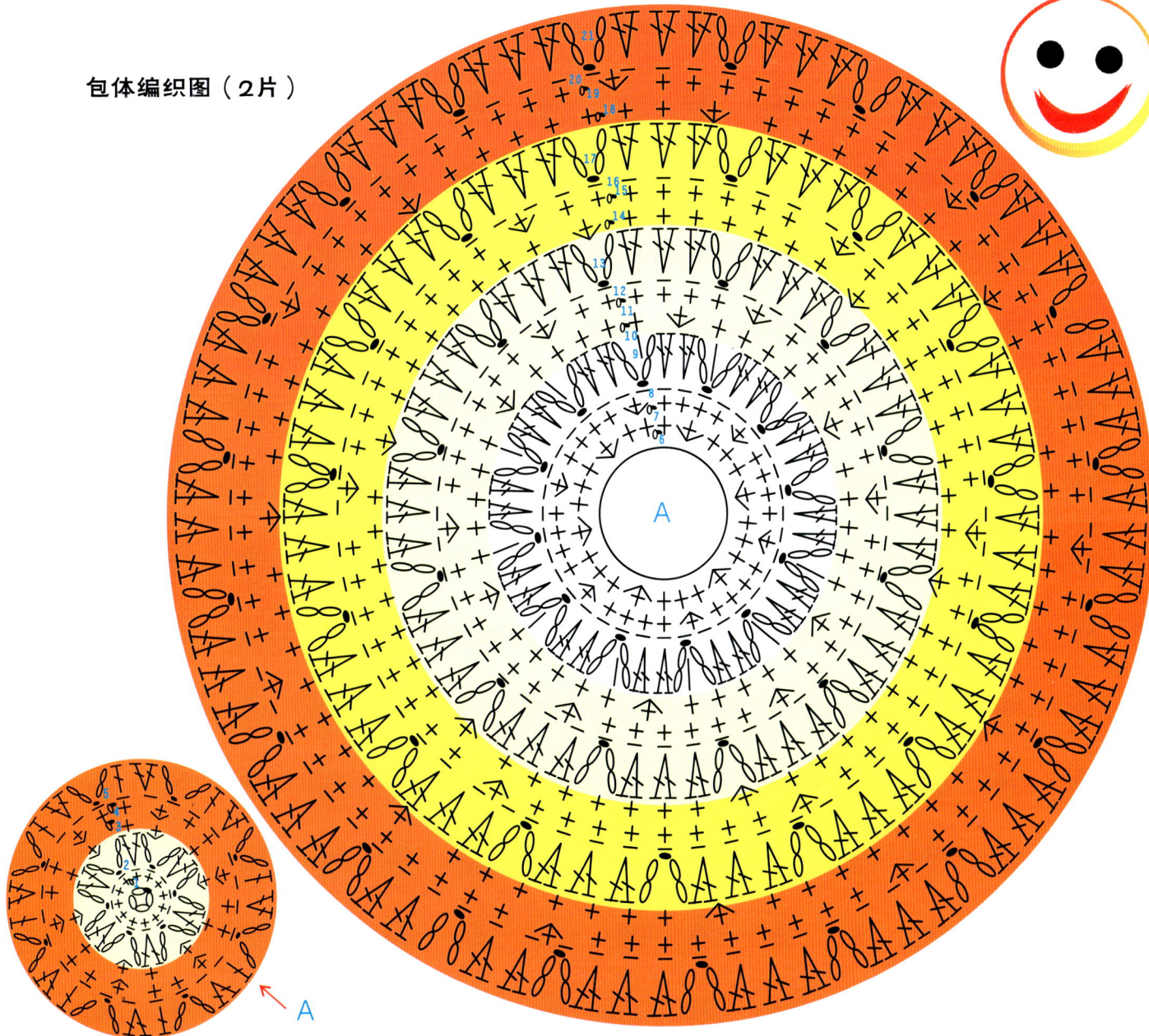

时尚小兔手提包

粉蓝的主色调，配以调皮的小兔，彰显出生命的活力！

时尚小兔手提包

【工具】

2.0mm钩针
毛线缝针

【材料】

粉蓝色线50g
白色线20g
天蓝色线少许

【辅料】

纽扣3枚 粉色丝带20cm

【成品尺寸】

包宽22cm
包深19cm
包带长26cm

【编织要点】

装饰的卡通贴绣是本款的亮点。

【制作方法】

从包底开始环形向上编织，包口边缘编织扇形花样，包带共2根，编织好后安装在包包相应的位置上。装饰的小兔造型是编织好以后用毛线缝针缝制在包面上的，最后以纽扣蝴蝶结在兔耳朵处作装饰。

贴绣示意图

针法符号说明

○	辫子针
+	短针
┬	中长针
┼	长针
	组合针法。在1针内分别锁5针长针，形状同扇形

兔嘴巴（1枚）   兔脸（1枚）

兔眼睛（2枚）

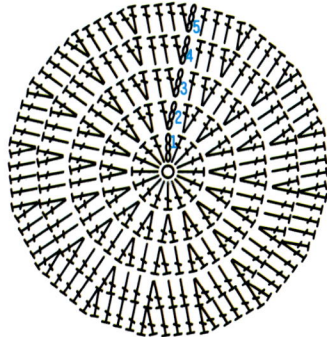

包体编织图

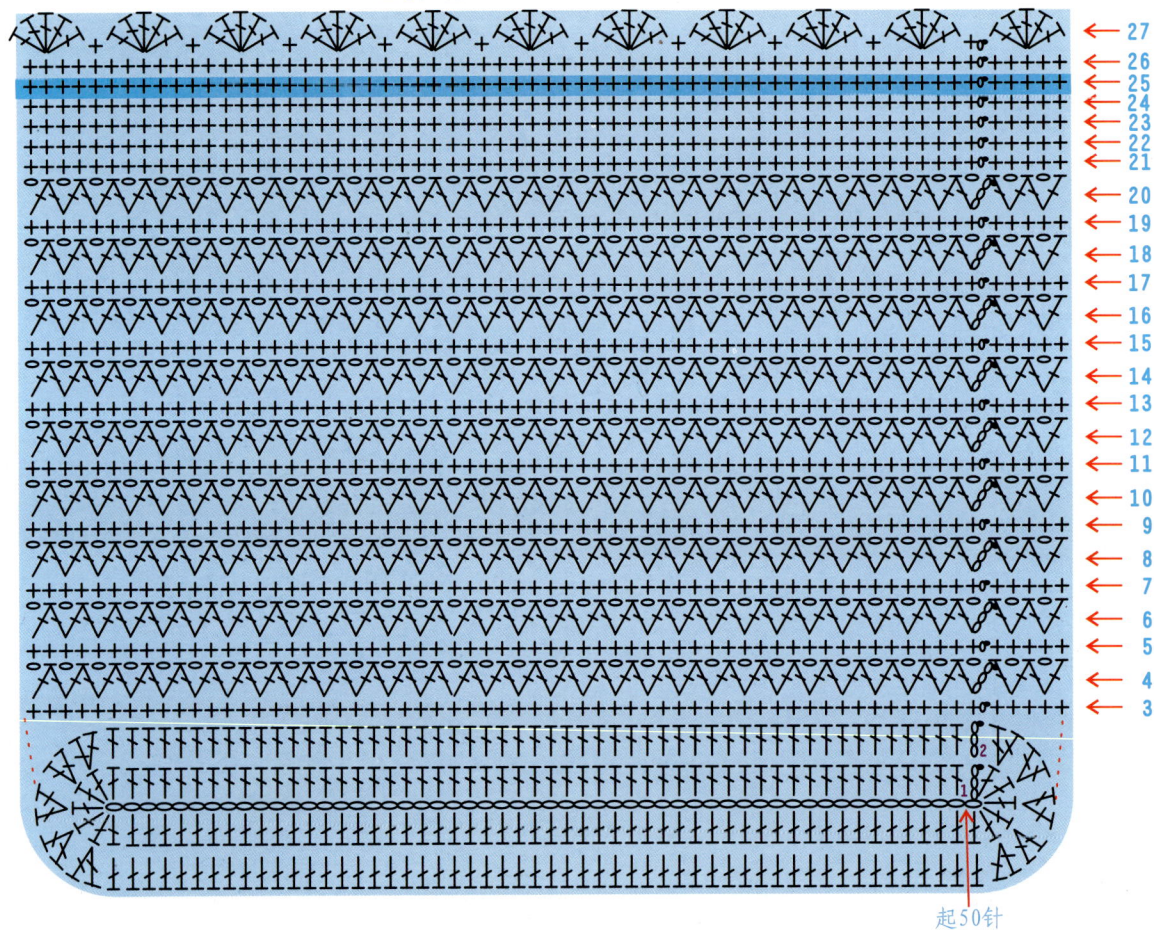

← 27
← 26
← 25
← 24
← 23
← 22
← 21
← 20
← 19
← 18
← 17
← 16
← 15
← 14
← 13
← 12
← 11
← 10
← 9
← 8
← 7
← 6
← 5
← 4
← 3

起50针

包带（2根）

共起78针

兔耳朵（右1枚）

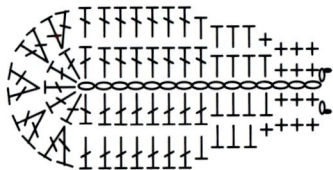

兔耳朵（左1枚）

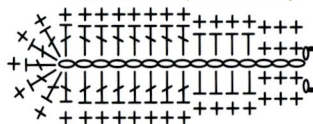

鲜艳华丽的彩虹套包

人对于彩虹之爱亘古不变，它是永远的时尚元素。

【工具】

2.0mm钩针

毛线缝针

【材料】

手提包：

天蓝色中粗线20g、淡紫色中粗线、绿色中粗线、黄色中粗线各10g

零钱袋：

玫红色、淡蓝色、黄色、淡紫色中粗线各少许

【辅料】

手提包：拉链1条、纽扣1枚

零钱袋：拉链1条

【成品尺寸】

手提包：包宽18cm

包深17cm

零钱袋：包宽10cm

包深10cm

【编织要点】

1.长针编织长椭圆形的方法及短针编织圆形的方法；

2.正确安装拉链。

鲜艳华丽的彩虹套包

【制作方法】

　　这款套包中的两款包包都是由长椭圆形的织片对折缝合而成的，在圆弧形边的中间安装拉链作为开口处。在颜色上通过多彩的搭配，显示出一轮一轮的色圈，像炫丽的彩虹一样漂亮。在针法上，两款包包都是从椭圆形正中起针，通过环形编织向四周扩展，只是用了不同的针法进行编织，手提包用的是长针，零钱袋用的是短针，具体的针数和加针的幅度可参见编织图。

手提包包带编织图

全长30厘米

针法符号说明

符号	说明
○	辫子针
╋	短针
⩔	短针1针放2针，夹角方向为1针
⊤	长针
⩑	反向短针
⬗	1针内钩3针长针且锁为1针

零钱包匙扣编织图

零钱袋编织图

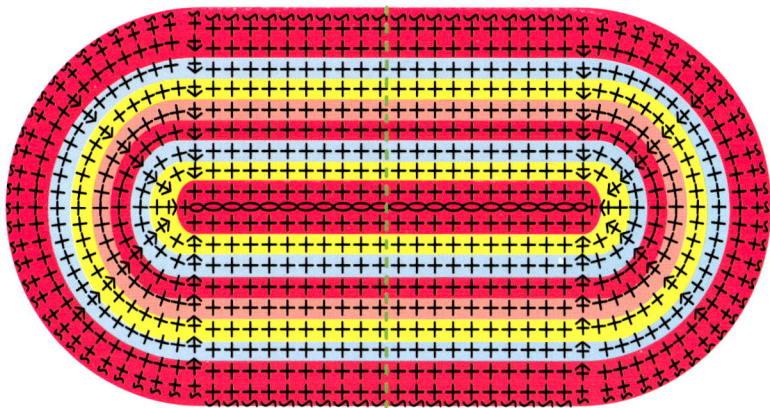

起22针

手提袋编织图

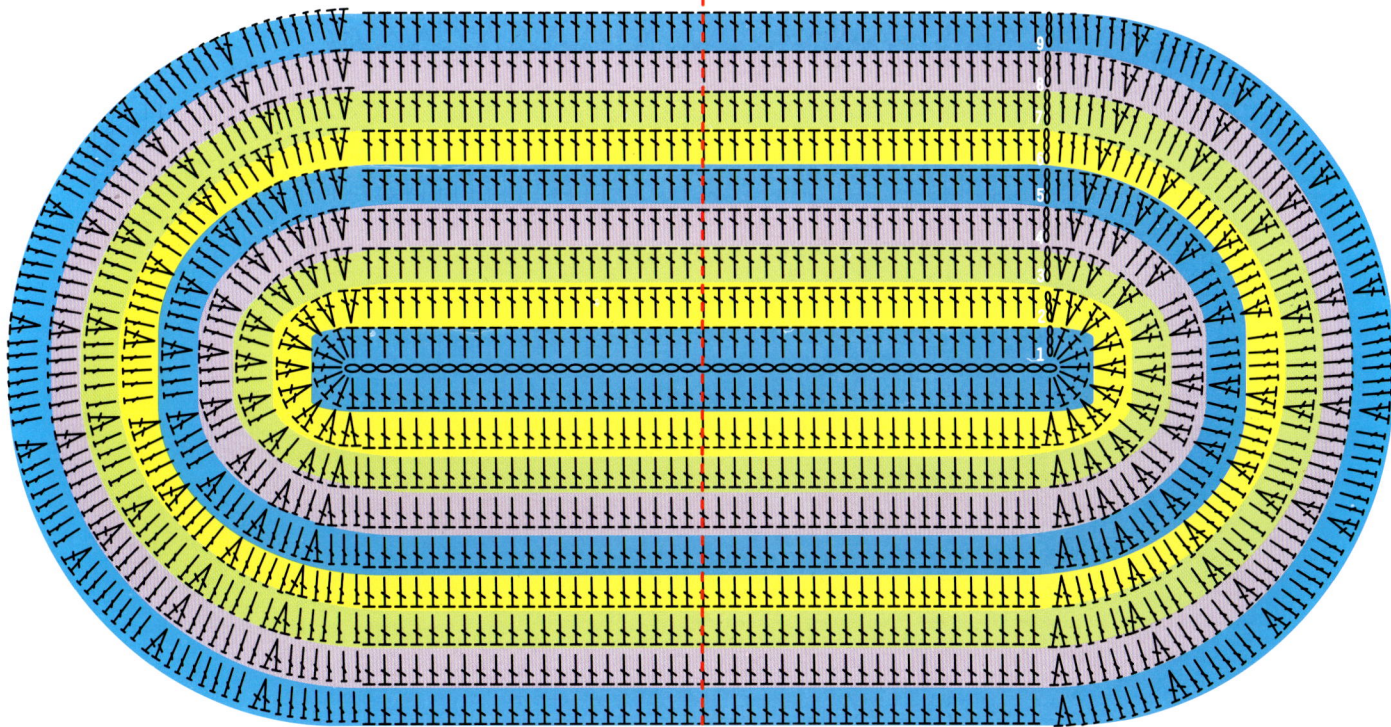

起45针

对折线

圆圆的包袋配上木珠手挽，别有一番风情。小巧玲珑的花朵口金包更是迷人的亮点！

【工具】
2.0mm钩针
毛线缝针

【材料】
蓝色线100g

【辅料】
手提包：木制手挽1个
口金包：8cm口金1个

【成品尺寸】
手提包：直径26cm
口金包：直径8.5cm

【编织要点】
两片圆形织片的缝合。

口金包编织图（2片）

可爱立体花瓣套包

【制作方法】

　　这是一套以圆形花样为主题的套包，套包以层层叠叠的花朵为设计重点，另外配以朴实的木制手挽，特别有内敛的韵味。

　　手提包的包体是由两片完全相同的圆形织片拼合起来组成的，在缝合织片的时候留下相应的位置作为包包安装拉链的开口处，缝合的时候应该特别注意线迹的松紧度，这直接影响到包包完工以后的效果和工艺水平。缝合完毕以后，把事先准备好的木制手挽安装在开口处的两侧，开口处装上拉链，手提包就完成了。

　　口金包的制作方法跟手提包的制作方法是一样的，只是在预留的开口处安装的是口金，因为口金包不大，可以放在大包里，不用安装手挽。

针法符号说明

符号	说明
○	辫子针
+	短针
┰	长针
⊕	1针钩3针长针并1针

包体编织图（2片）

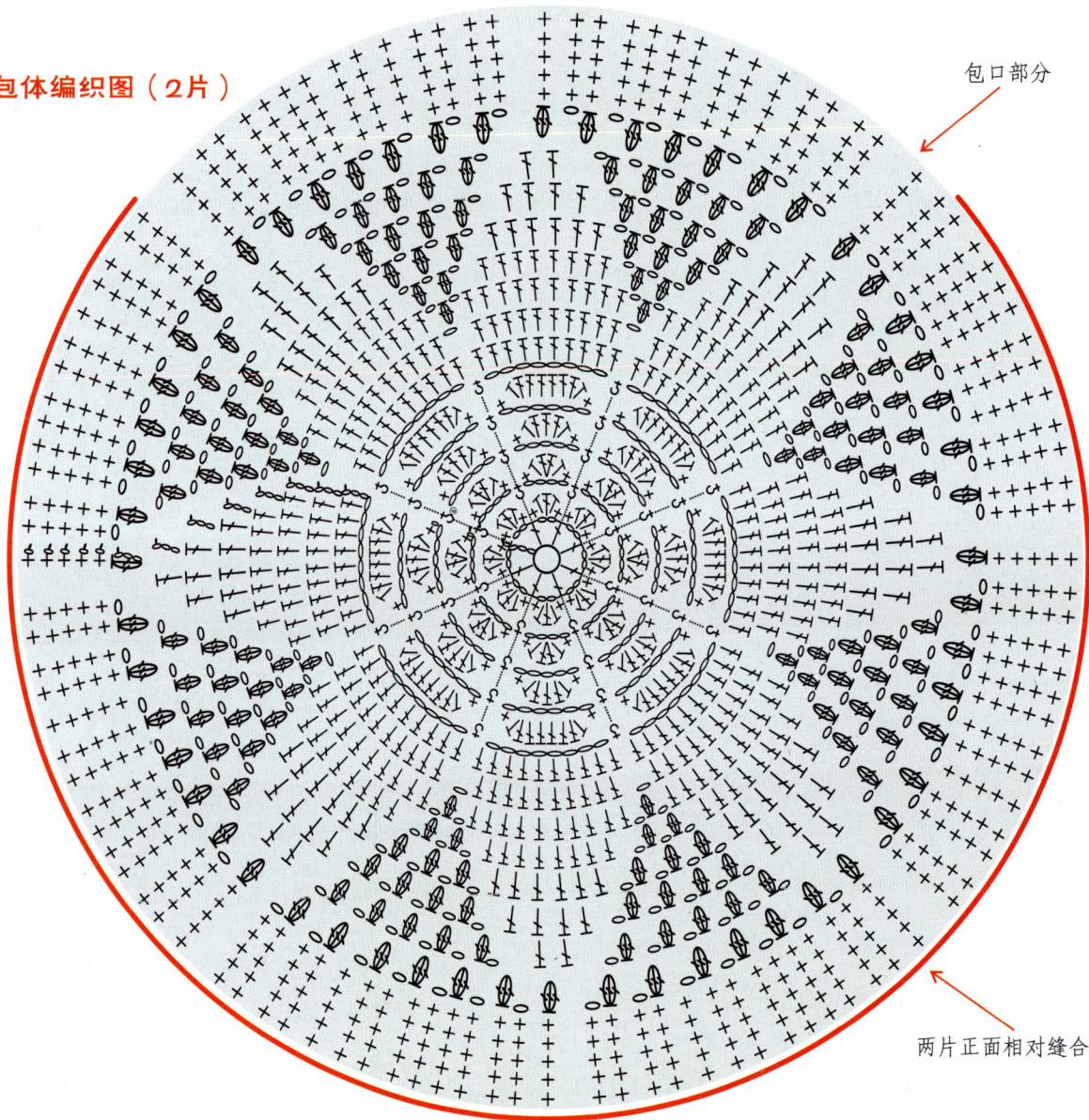

包口部分

两片正面相对缝合

亮丽的色彩，优
雅的造型，携之逛步
个性十足！

【编织要点】

1. 学会编织从中心开始向四周添针形成的方形单元花样，掌握中心起针的方法及添针的规律；

2. 多块单元花织片的拼接；

3. 边缘的修饰。

【材料】

中粗线：绿色50g

粉色40g

黄色40g

针法符号说明

⌐o⌐	辫子针	⨍	长长针
⊞	短针	⨂	1针加为2针
⊤	中长针	⨂	2针并为1针
⨍	长针	⌡	由里面连接前面的长针

繁花似锦个性提包

【辅料】

包带2根

纽扣1枚

【制作方法】

1.单元花的制作

将黄色线在手指上绕2圈，用钩针从中间穿过带线回来锁1针短针，然后拉动线尾调至合适大小；第一圈，向上编织辫子针3针，再钩辫子针2针，穿过中心环钩长针1针，再钩辫子针2针，反复至中心环内钩出8针长针，每长针间隔辫子针2针，最后的2针辫子针与立针顶端合拢钩引拨针1针，第一圈结束；第二圈，钩辫子针1针，在第一圈两针辫子针上钩短针1针、中长针1针、长针1针、再中长针1针、短针1针，反复8次，直至织出8个弧形花瓣，最后在第二圈立针上合拢织引拨针1针，第二圈结束；第三圈，钩住第一圈长针织短针1针，再织辫子针4针，反复8次，形成8个弧形花瓣，合拢，第四圈结束；第五圈，钩住第一圈长针织短针1针，再织辫子针5针，反复织8次，合拢，第五圈结束；第六圈，在第五圈5针辫子针上织短针1针、中长针1针、长针3针、再中长针1针、短针1针，反8次，直至钩出8个弧形花瓣，合拢，第六圈

结束；第七圈，换绿色线，任选一瓣第六圈花瓣，从此花瓣右边第1针长针上起钩短针，连钩3针，再钩辫子针1针，穿过下一瓣花瓣中间顶端钩长长针2针、长针1针、钩3针辫子针后，再次穿过钩长针1针、长长针2针、再钩短针1针，从第三瓣起重复4次，合拢，第7圈结束，单元花的编织也结束。

2.单元花拼接

按要求数量织完单元花，便按图示拼接单元花，使用的工具是毛线缝针，绿色线，每两个单元花正面相对，边缘对齐，缝线松紧要适度。

3.修饰定型

拼接完毕后，在包口用短针编织修饰边缘，完毕后整理包型，加上包带。

单元花图解

配色单元花图解A10枚

配色单元花图解B9枚

拼接配色图

A-F字母相同的边拼接

- - - - - 包口边缘

包带

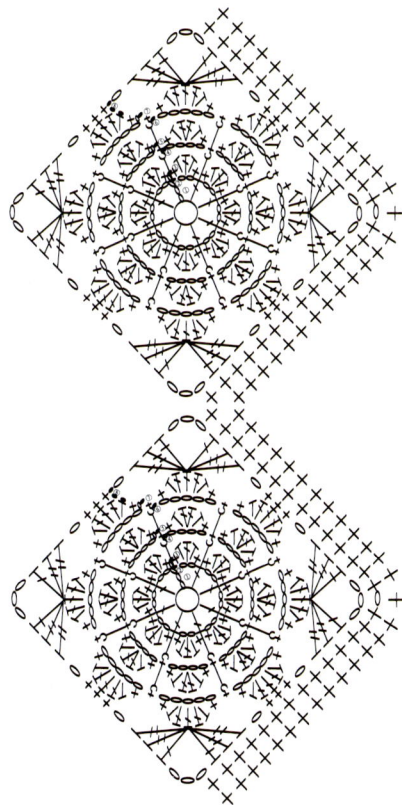

包口边缘织法

底中线

A B C D E F

圆弧的手包造型,
精致的蝴蝶装饰,层层
叠叠的花边,像少女的
梦烂漫无比!

活泼的绿玉蝴蝶包

【工具】

2.0mm钩针
毛线缝针

【材料】

白色中粗线30g
绿色中粗线10g
黄色中粗线少许

【辅料】

黄色纽扣1枚

【成品尺寸】

包宽24cm
包深14cm

【编织要点】

半圆的编织及花边的编织。

【制作方法】

这是一款精致的女式手包，全包通体采用了白色线编织，边缘搭配了绿色花瓣式的花边，清新自然、大方得体。

包体正、反两面的编织方法是相同的。首先用白色线起辫子针25针，第一圈编织长针31针，第二圈编织长针42针，第三圈编织长针46针，第四圈用绿色线编织扇形花瓣形成第1层花边。

第五圈换用白色线接第三圈继续编织长针，按照圆弧大小适量添针，第六圈也是如此，具体加针的位置及其添加的幅度可详见编织图，第七圈用绿色线编织扇形花边，形成第二层花边。

第八圈、第才圈、第十圈，与第五、六、七圈的编织法相同，只是圆形已经逐渐扩大，针数也逐渐增多，钩完第八、九、十圈包体的一面就完成了。

同样的织片一共需要两片，编织完以后把两片织片背面相对，用毛线缝针穿白色线沿两片织片的第九圈外沿对齐进行缝合。

上面提手处的编织是从缝合好的包体上挑起织短针，空缺的地方用辫子针补齐，编织5行,形成包的边缘也是提手。

最后将编织好的蝴蝶结花样钉在包包中央相应的位置上，并钉上纽扣。

针法符号说明

符号	名称
o	辫子针
+	短针
⊤	中长针
⊤	长针
组合针法	组合针法。在1针内分别锁5针长针，形状同扇形

装饰蝴蝶编织图

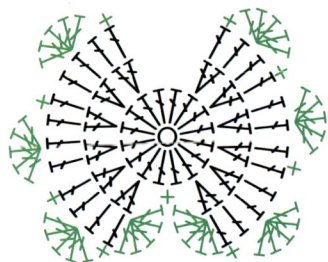

包体编织图

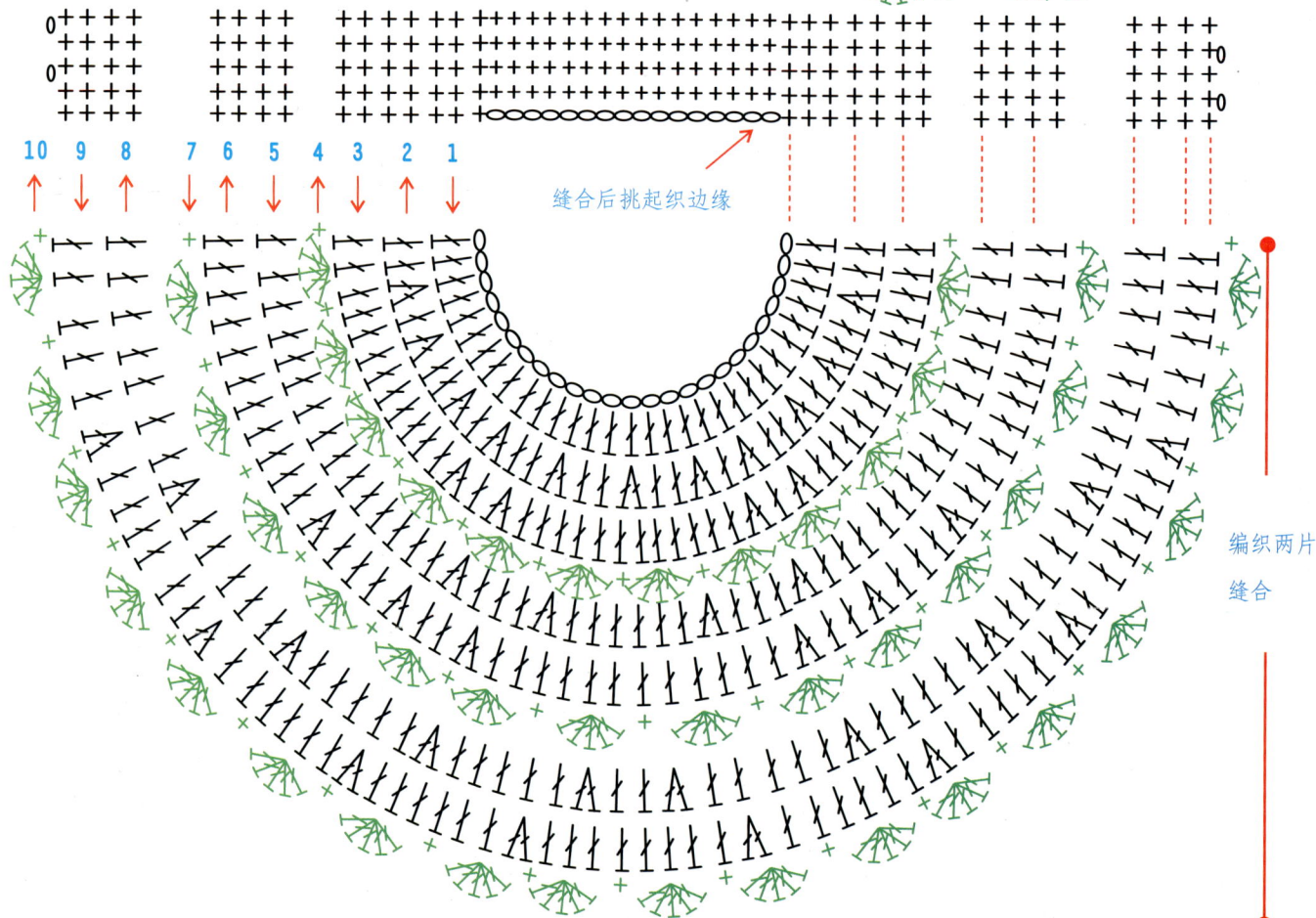

缝合后挑起织边缘

编织两片缝合

大方块玫瑰手提袋

由浅入深的色彩搭配,
网格内绽放的玫瑰,含蓄
内秀的花边,给手提装增
添了亮点!

【工具】

2.0mm钩针

毛线缝针

【材料】

淡黄色中粗线30g

黄色中粗线40g

【成品尺寸】

包宽33cm

包深33cm

【编织要点】

两片方形织片钩织花边后缝合成袋。

大方块玫瑰手提袋

配色缝合示意图

【制作方法】

　　这是一款很有特色的手提袋，颜色上选用了由浅入深的渐变设计，包的花样上运用了由辫子针和长针组合进行方块的疏密填色来呈现玫瑰花样，大方别致。

　　手提包的正、反两面是两片完全相同的织片，织片的下半部分是浅黄色，上半部分是黄色。织片一共有35行，第一行起针后进行来回编织，通过辫子针和长针的组合来编织疏密有致，玫瑰的花样栩栩如生，娇艳动人。织完方块玫瑰后围绕织片的四周编织花边1圈。

　　缝合的时候，将编织完成的两片方形织片背面相对，用毛线缝针穿同色的线沿花边内侧的针眼对齐缝合起来，线迹掩饰在针眼内，正上方不缝合，留作包包的开口。

　　包包的主体缝合完成以后，将钩好的包带用毛线缝针固定在包包相应的位置上，到此这款漂亮的渐变色方块玫瑰手提袋就完成了。

针法符号说明

○	辫子针
+	短针
⊺	长针
⊗	狗牙拉针
⊕	1针钩3针长针并为1针

主体编织图（2片）

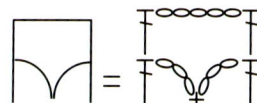

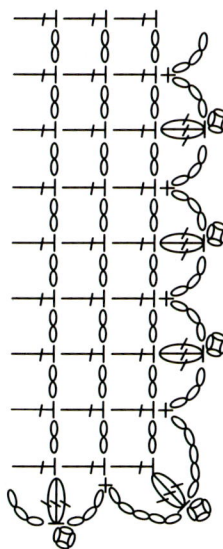

边缘花样编织图

手提袋编织图（2根）

共120针

张扬个性的花边手提袋

时尚且纯真，彰
显佩戴者的个性！

张扬个性的花边手提袋

【工具】

2.0mm钩针

毛线缝针

手缝针

【材料】

天蓝色中粗线60g

白色中粗线15g

淡蓝色中粗线少许

翠绿色中粗线少许

【辅料】

淡蓝色纽扣12枚

珍珠纽扣1枚

【成品尺寸】

包宽39cm

包深22cm

【编织要点】

将大的圆形织片对折缝合成包。

【制作方法】

这款手提包的包体展开是一片较大从中心向四周扩展的圆形织片，编织使用的针法为短针，每行的针数以6的倍数增长，在第四十九行编织辫子针，留出开口作为包的提手。

编织完毕以后，将织片进行对折缝合，需要注意的是，两处预留提手的位置应该是对整齐的，先用毛线缝针将需要缝合的部位缝好，再钉上事先准备好的纽扣作装饰。

最后，在白色线钩的区域内进行手工绣花装饰，绣的时候注意松紧和间距。

针法符号说明

○　辫子针

十　短针

↓　短针1针放2针，夹角方向为1针

手绣花图案

配色及缝合示意图

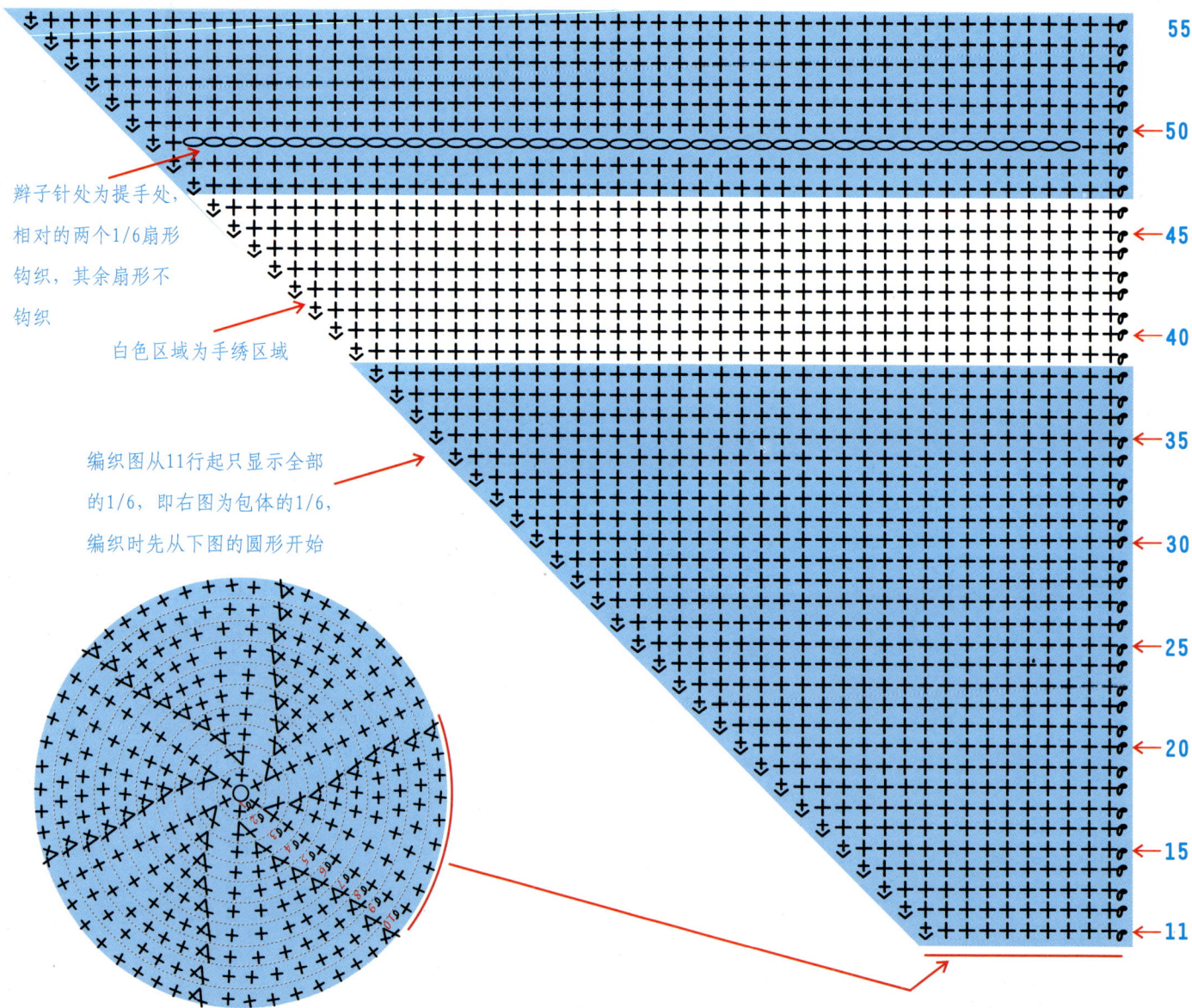

包体编织图

辫子针处为提手处，相对的两个1/6扇形钩织，其余扇形不钩织

白色区域为手绣区域

编织图从11行起只显示全部的1/6，即右图为包体的1/6，编织时先从下图的圆形开始

55
50
45
40
35
30
25
20
15
11

包身的褶皱设计，突显女性的柔美，彰显佩戴者的个性与气质。

【工具】

4.0mm钩针

毛线缝针

【材料】

灰色粗线150g

白色线少许

雅致大方灰蓝色挎包

【成品尺寸】

宽25cm

高16cm

【编织要点】

1.编织时手劲要均匀，两块同样的织片大小才会相同，缝合时才会对称。

2.褶皱处要处理得自然好看。

【制作方法】

这款包包款式独特，色彩雅致，适合比较知性的女性使用，包体比较大，具有较强的实用性。

包包除了包底外，主体分成了4块织片和1朵装饰花来编织的。两侧的两片是相同的，正面和背面的两片织法也是相同的。包底是一块长条椭圆形织片，其他四块织片都是梯形的织片。中间两片比两侧两片宽且高。装饰花的直径约7cm，使用的钩针工具是4cm钩针，针法主要是辫子针、短针和长针，具体的针数、花样及细节可参照编织图，有详细的介绍。

完成好包包的各个部分以后，就需要用毛线缝针将各个部分缝合起来，这是制作这款挎包的最难处。第一项要注意的是褶皱处的缝合，在编织图里有很容易看懂的示意图，按照制作褶皱的图示进行制作，褶皱的边角要对齐，线迹要均匀且细致，这样缝合的效果才好。

第二项要注意的是包身织片的缝合，要使用同颜色线，而且线迹要松紧适度，因为这与包包的整体效

果有直接联系。

缝合完毕后，沿包口的部分织短针作边缘装饰，要注意各个角的弧度要圆润漂亮，具体的编织方法可参见关于边缘编织的示意图。

最后一个步骤，将装饰花钉在包包相应的位置上，安装好事先准备好的包带。

针法符号说明

  ╈   短针

  ↓   短针1针放2针，夹角方向为1针

  ↑   短针2针并1针，夹角方向为1针

  ╈   长针

中片编织图（2枚）

侧片编织图（2枚）

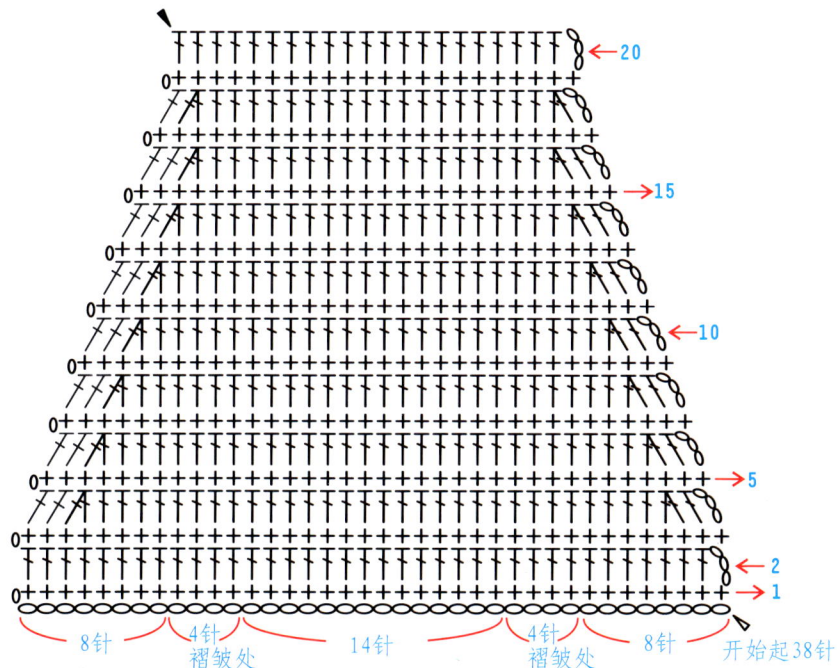

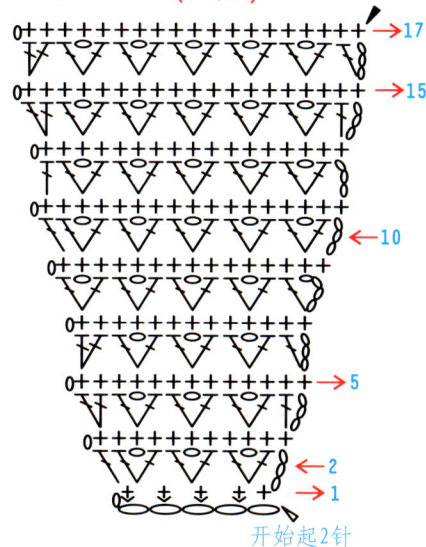

→ 20

→ 17

→ 15

→ 15

→ 10

→ 10

→ 5

→ 5

→ 2
→ 1

→ 2
→ 1

8针　4针　14针　4针　8针　开始起38针
褶皱处　　　　褶皱处

开始起2针

底（1片）

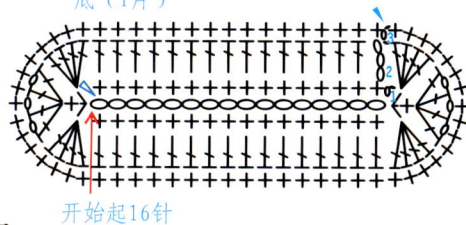

开始起16针

褶皱缝制示意图

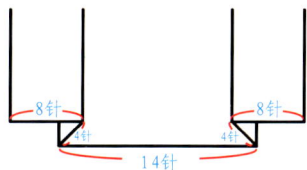

8针　8针
14针

整包完成示意图

装饰花（1朵）

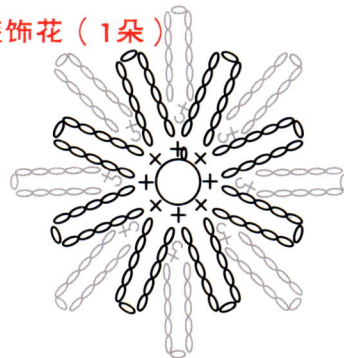

包口边缘编织图

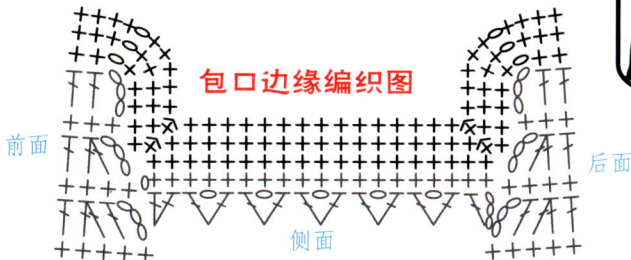

前面　　　侧面　　　后面

131

艳丽的六瓣花手提袋

艳丽的六瓣花，花花
相连，整齐而不呆板！

【工具】

2.0mm钩针

手缝针

【材料】

紫色中粗线35g

绿色中粗线30g

淡黄色中粗线30g

【辅料】

珍珠纽扣4枚

【成品尺寸】

包宽20cm

包深17cm

【编织要点】

单个单元花相互之间的连接。

【制作方法】

　　这是一款典型的花样拼接式包包，全包一共由54个单元花拼接而成，花朵分为三种颜色，成品字形错落相拼，色彩斑斓。

　　这一款的单元花样是简单的6瓣花，编织方法是：环形起针，钩1圈短针，共6针；第二圈向上织3针辫子针，再从第一圈的短针针眼里钩5针长长针并锁为1针，再钩3针辫子针，并在前圈第二针短针上锁定，这样1瓣花瓣就完成了，再将此过程重复编织5次，6瓣花就完成了。

　　6瓣花的连接是通过6个花瓣的瓣尖相互钩连，连接是在编织的过程中完成的，即是在5针长长针合并收拢的时候同时穿过需要连接的那个瓣尖后再锁针，2个瓣尖就连接在一起了。三种颜色的花瓣错落有致，不会有相同颜色的花瓣相邻在一起。拼接的时候还应该注意包侧和包底的拼接，详细的拼接位置及方法可以参见配色及缝合示意图。

　　主体拼接完成后，将包带安装在相应的位置上，安装时用钉纽扣的方式将珍珠纽扣钉在花瓣的中央，钉的时候将包带缝住。

针法符号说明

○　辫子针

+　短针

┬　中长针

从1针眼内钩5针长长针并锁为1针

手提袋编织图（2根）

共120针

紫色花编织图（18枚）　　绿色花编织图（18枚）　　黄色花编织图（18枚）

配色及缝合示意图

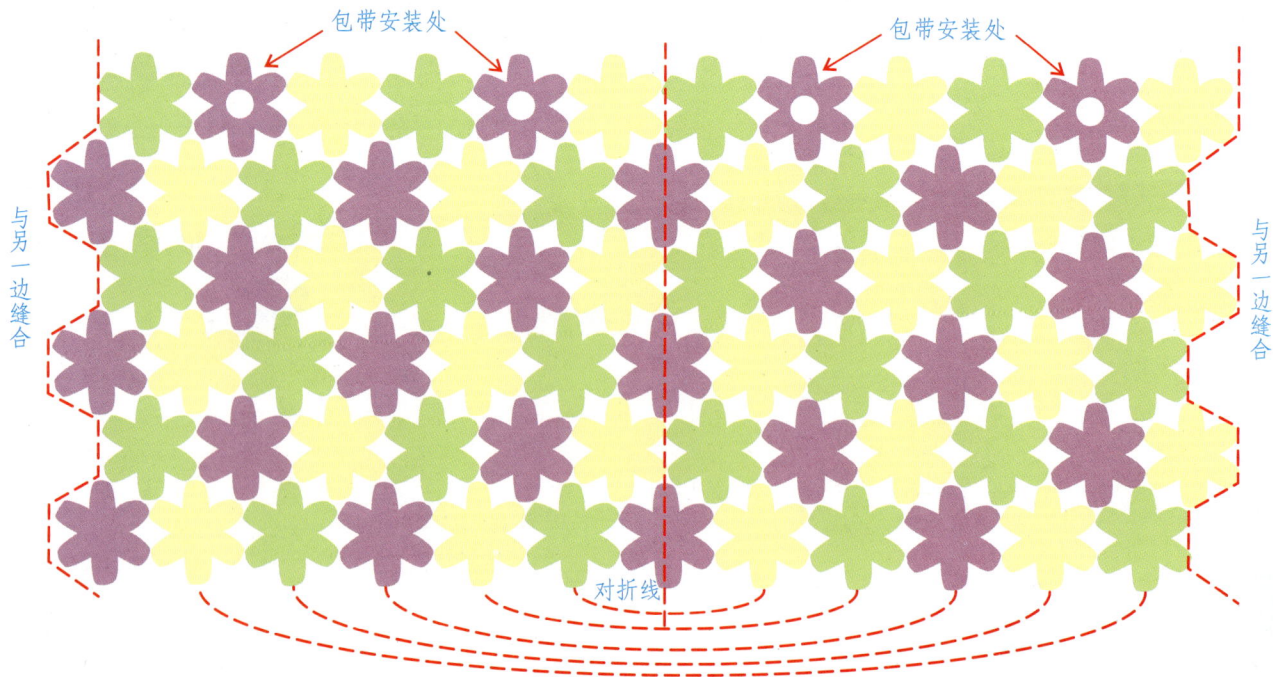

包带安装处　　　　包带安装处

与另一边缝合　　　　　　与另一边缝合

对折线

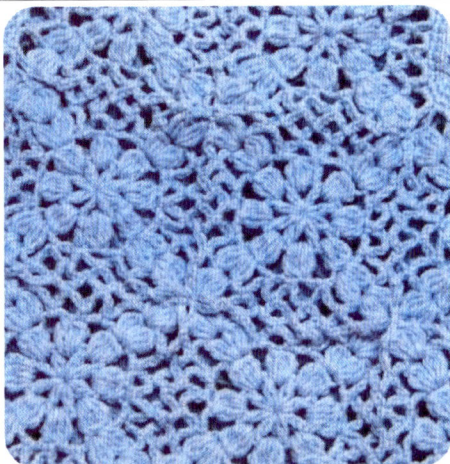

精致钩花方口金包

方形的单元花，原来可以有无穷的变化。可以是美丽的杯垫，也可以是精致的口金包。

【工具】

2.0mm钩针
毛线缝针

【材料】

淡蓝色中粗线50g

【辅料】

18cm方形口金1个

【成品尺寸】

最宽处23cm
包深23cm、开口18cm

精致钩花方口金包

【编织要点】

1.单元花之间的拼接；
2.开口处边缘圆弧角的编织。

杯垫编织图

【编织方法】

这是一款由16个方形单元花样拼接而成的镂空花包包，在开口处安装了方形口金，既方便又为包包增添了特色。

方形单元花是由中间起针向四周扩展成为方形的单元花，在编织最外圈的过程中与相邻的单元花相连接，拼接完成后上方留出安装方形口金的位置，在安装口金的方形部分进行短针编织以作为边缘的修饰，在编织最后一行短针的时候加入狗牙拉针。

编织完成以后，用毛线缝针穿同色的线将织片缝制在事先准备好的口金上，缝合的时候应该注意口金是被安装在织片里面的。

针法符号说明

○ 辫子针

十 短针

$\mp$ 长针

❁ 狗牙拉针

单元花编织图

边缘编织花样

缝合示意图

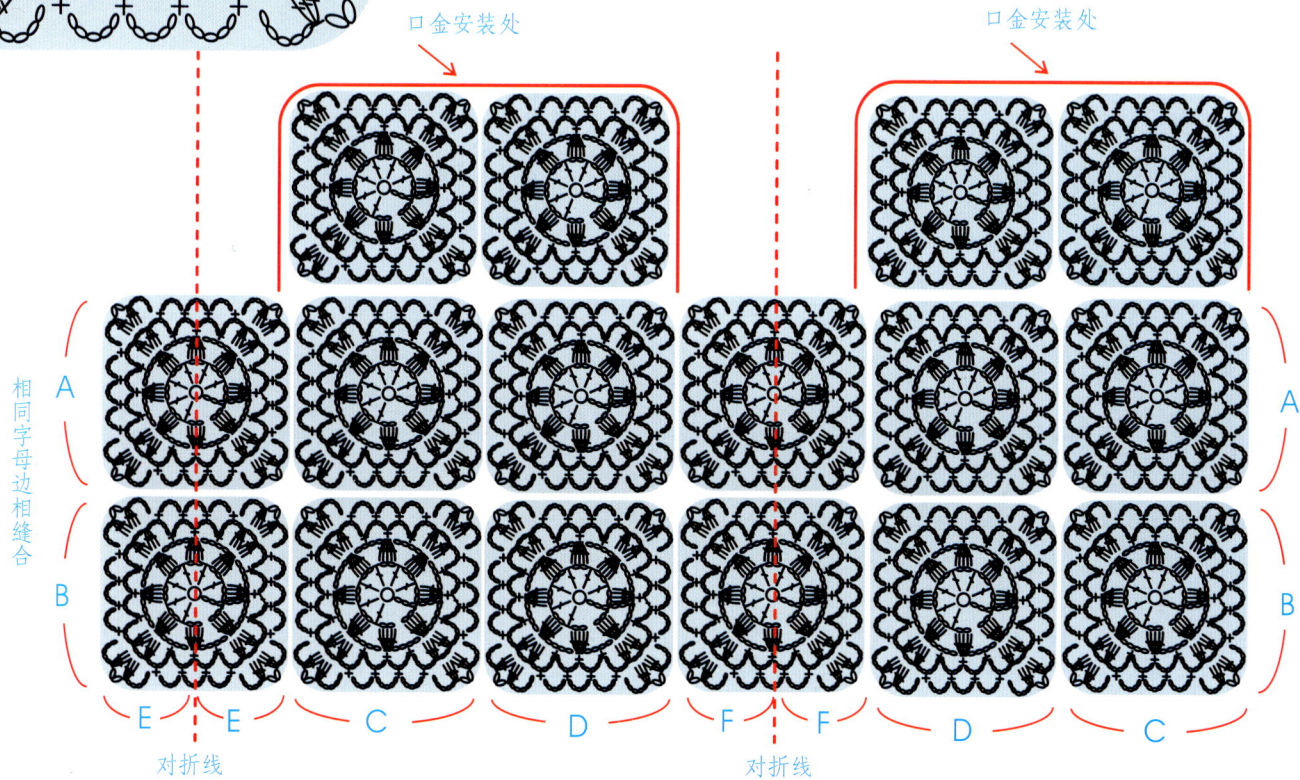

口金安装处

口金安装处

相同字母边相缝合

A

B

A

B

E E C D F F D C

对折线

对折线

经典的手提，经典的款式，表达出怀旧的情结。

经典实用型竹提袋

【工具】

4.0mm钩针
毛线缝针

【材料】

橙色粗线70g

【辅料】

直径14cm竹挽1对

【成品尺寸】

宽24cm
高28cm（含手挽）

【编织要点】

1.主体编织时的添针收针；
2.两侧收拢编织成褶皱状；
3.手挽的安装。

【制作方法】

这是一款类似网兜状的包包，展开后是一片两头窄、中间宽的织片，通过对两侧的收拢编织，使之收缩成网兜状，整体效果饱满，款式时尚休闲。

主体织片的编织是从窄边开始的，首先起17针辫子针，从第二行开始来回反复编织中长针，只是第二行至第十五行的左、右两侧都需要添针，第十六行至第三十九行针数不作增减，第四十行至第五十二行左右两侧都有收针，最后织片的形状是一个上、下两端是梯形、中间是方形的织片。详细的添针和收针情况可参见编织图。

主体织片编织完毕以后，就进行两侧边缘的收拢编织，收拢编织的作用有两个，一个是起到把织片收拢而成网兜状的效果；另一个作用就是编织出一定长度的织片用于包裹手挽、安装手挽的作用。为了起到收缩的效果，在两侧编织的时候应该每针的间隔较大，

具体间隔的位置可以参见编织图。编织所使用的针法是短针，这种针法简单密实，适合作为边缘的编织。编织完毕以后，将左、右两块织片分别盖过手挽，包住以后，用毛线缝针将边与挑起针的地方缝合起来，手挽就安装在包的上面了。两边按此方法安装以后，这个包包就全部完成了。

针法符号说明

○　辫子针

+　短针

T　中长针

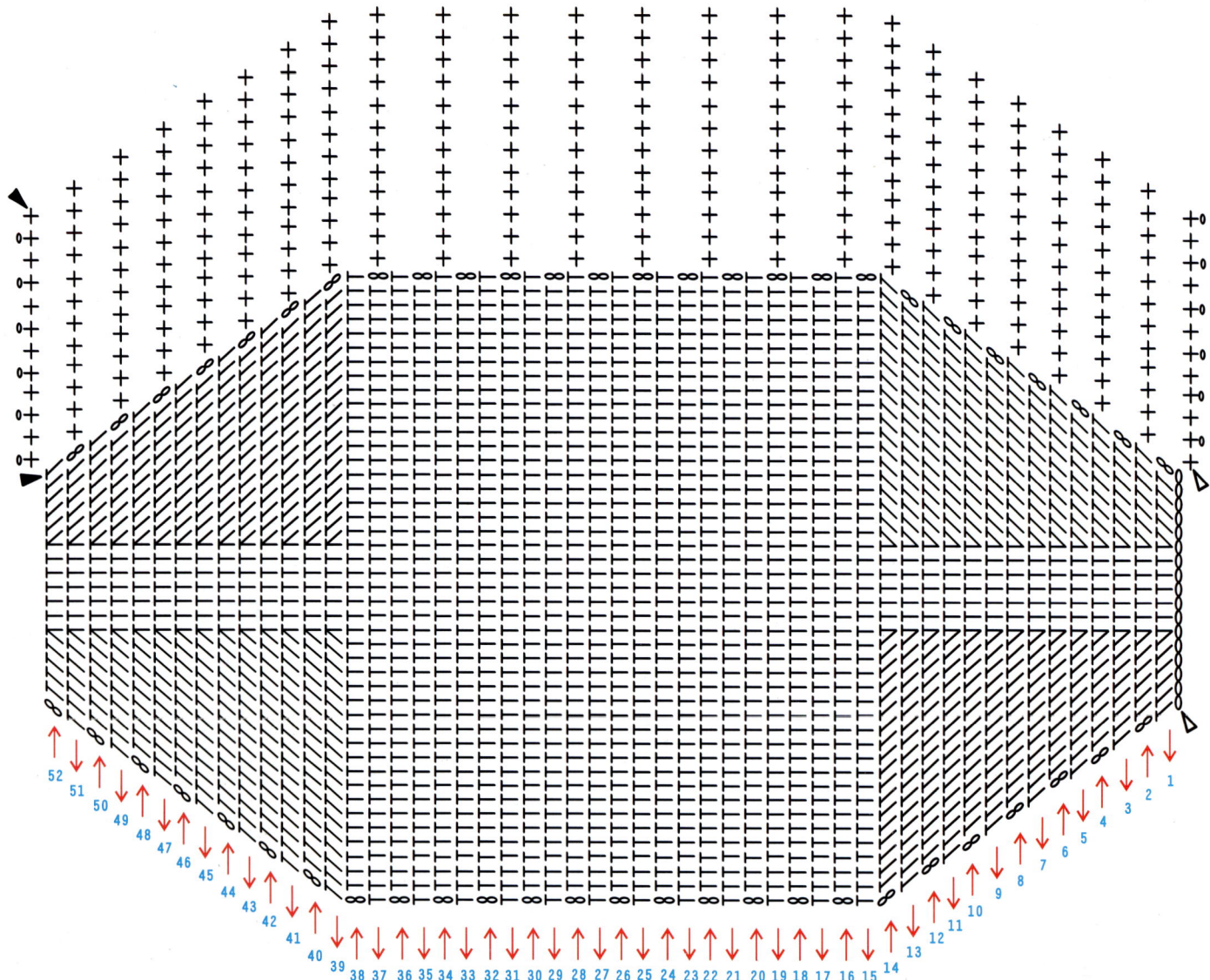

与另一边同样挑起织短针后对折缝合安装手挽

时尚浪漫手挽袋

浪漫的色彩,
时尚的亮点!

时尚浪漫手挽袋

【工具】

2.0mm钩针

毛线缝针

【材料】

蓝紫色煅染中粗线50g

【辅料】

直径14cm竹手挽1对

【成品尺寸】

宽22cm

高34cm（含手挽）

【编织要点】

1. 从底部开始编织的环形编织；

2. 波浪花样的编织；

3. 手挽的正确安装。

手挽缝合图

【制作方法】

　　竹制的手挽作为包包的提手由来已久，早在二三十年代的老电影中就有它的身影。现代人追求朴素自然，怀旧风复起，它再次成为时尚的宠儿。

　　包包的编织是由底部开始的。首先，起辫子针60针，然后再环形编织短针4行，在两端添针成圆弧形。第五行开始编织波浪花样，13针1个花样，1圈共编织10组；每2行1轮花样，一共要编织11轮花样。波浪花样编织完成后，分成前、后两部分来回反复编织，并且逐行在两边收针，共收6行，再织3行针数不变。

　　包身的编织完成以后就可以安装手挽了，用毛线缝针将手挽包裹在织片上端进行缝合，两边安装手挽的方法是相同的。

针法符号说明

符号	名称
○	辫子针
＋	短针
⊤	长针
⩔	从同1针眼内钩4针长针

包体编织图

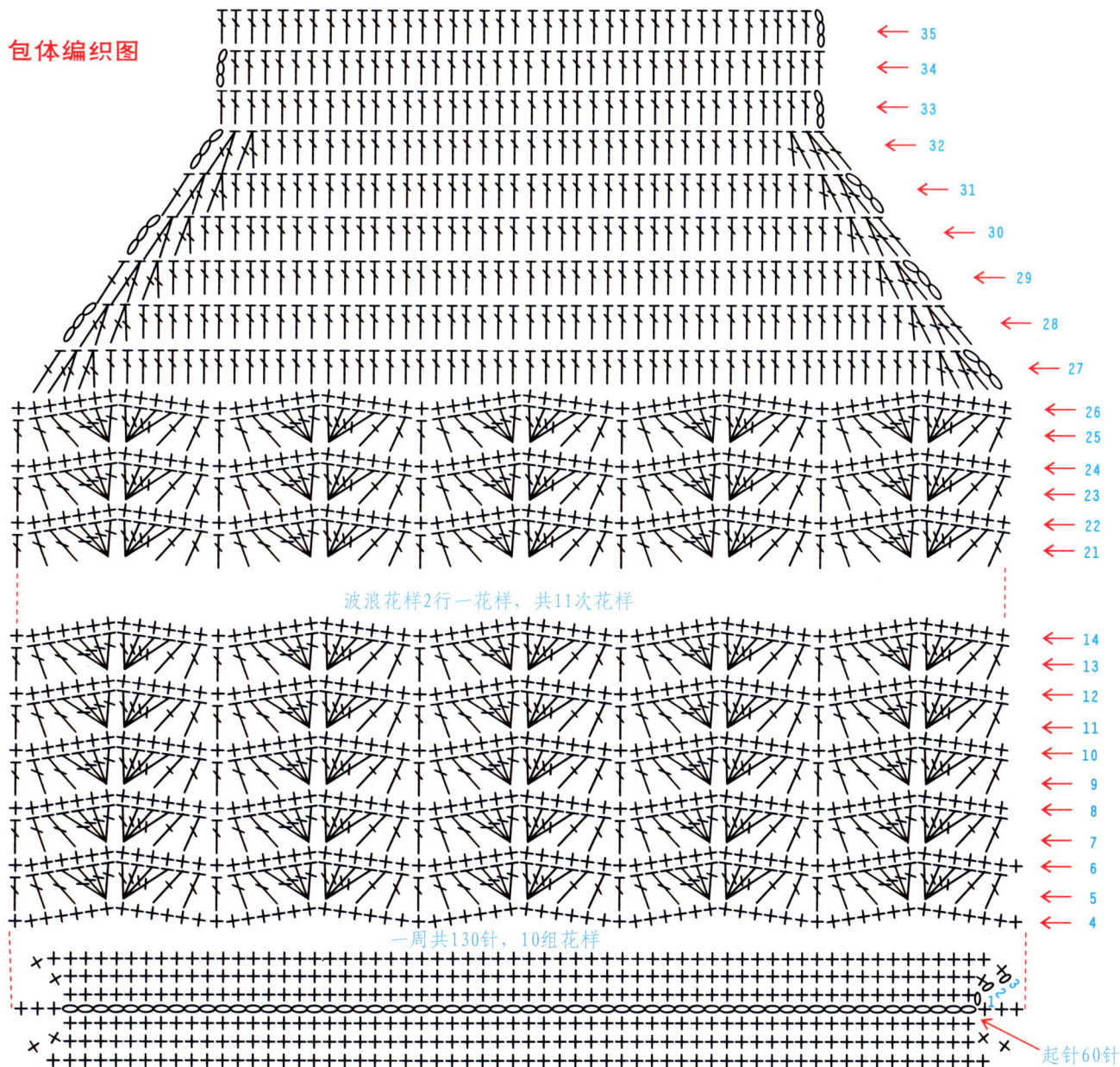

← 35
← 34
← 33
← 32
← 31
← 30
← 29
← 28
← 27
← 26
← 25
← 24
← 23
← 22
← 21

波浪花样2行一花样，共11次花样

← 14
← 13
← 12
← 11
← 10
← 9
← 8
← 7
← 6
← 5
← 4

一周共130针，10组花样

起针60针

钩针编织疑难解答

一、和原标准针行数相异的情况怎么办才好？

　　答：如果和原标准针行数同针同线编织依然不符合情况，那就变换针的粗细再编织一次。手工编织手法不同，针眼大小容易变换。以下列情况的标准针行数为例：

　　A—1花样编织为38针×16行　　蕾丝针0号
　　A—2花样编织为10cm×10cm　　钩针10号
　　大了的情况
　　以10cm×10cm范围内标准针数为例的花样编织，自己的织片还不足38针×16行，请尝试用小1号的针。
　　小了的情况
　　以10cm×10cm范围内标准针数为例的花样编织，自己的织片多于38针×16行，请尝试用大 1号的针。

二、线卷标签上的符号表示什么意思？

　　答：购买的线卷所附带的标签上有详细的说明标示。由于生产厂家不同，标签表示的方法也有所不同，但内容大致是相同的。

手洗温度30°左右的水，使用中性洗涤剂
不能使用漂白剂
中温熨烫
阴干

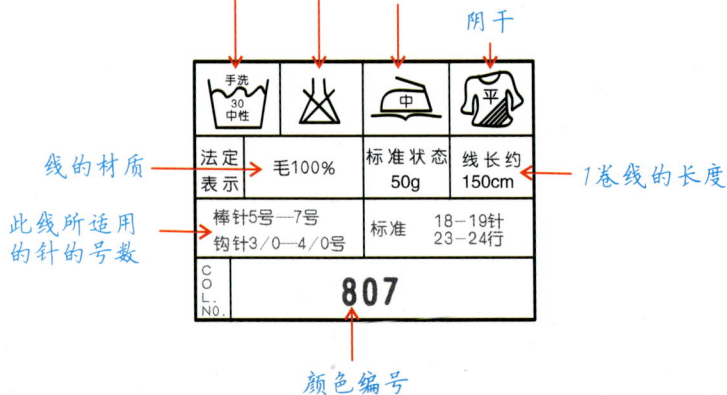

线的材质
1卷线的长度
此线所适用的针的号数
颜色编号

手洗 30 中性	⊠	中	平
法定 表示	毛100%	标准状态 50g	线长约 150cm
棒针5号—7号 钩针3/0—4/0号		标准	18—19针 23—24行
COL. NO.	**807**		